少年科学魔幻世界

神奇的数形世界

段伟文 主编

科学普及出版社

·北 京·

前　言

　　科学是什么？翻开这套书，你或许依然找不到答案，但你却已置身科学的魔幻世界：百合花开出美妙的曲线、孔雀尾屏上的眼斑诉说着生命的奥秘、德彪西的和弦与瓦格纳的音乐在几何空间中交汇、冰川里记载着地球上二氧化碳浓度的历史变迁、爱因斯坦在无边的宇宙中冲浪……

　　这些魔幻的世界让我们看到了科学神奇的力量。

　　科学试图告诉我们世界是什么样子的，使宇宙万物变得可以理解。一代又一代的科学家们在思考、观察、实验和分析的基础上，提出了各种科学理论，用它们解释宇宙从哪里来、生命如何起源、物质如何运动和相互作用、世界又是如何构成的……

　　科学给我们描述了一幅世界图景，但这项工作始终是尝试性的和没有完结的。面对自然的奥秘，科学家需要通过不懈的实验干预和理论分析，才能获得对世界的有限认识。这种认识虽然是有限的，但却揭示出了事物之间比较稳定的因果关系和条件关系，因此科学不仅相对于迷信和随意的猜测更有道理，而且可以更有效地解决人们生活中面对的问题。

　　对科学原理的运用使人们的行动更有力量，也使得人类创意的发展为永无止境的创造和创新。先进的科学理念往往碰撞出崭新的思想火花，技术上的发明和创造一旦插上科学的翅膀，每每开创出完全出人意料的创意天空。在这魔幻的天空中飞翔快乐无比，但也给人类的智慧提出了越来越高的挑战。无论是科学的真理还是创新的力量，都应该符合人的目标和理想。

　　生活在科技时代的青少年，不仅要在知识的海洋边拾取色彩斑斓的贝壳，还要谨记希腊神话中代达罗斯之子伊卡洛斯的教训：科学的翅膀越是有力，我们越是要审慎地挥动，让人类文明之火飘荡得更为高远悠长……

编　者

魔幻有理 创意无边

目 录

数字揭秘社会

选举中的压倒效应

许多迹象显示，人们的投票行为没有想象中"合理"。根据布朗大学经济学家最近发表的一项研究结果指出，美国大选中最先几个初选州的投票者，对于谁会当选的影响力，不成比例地高。这项研究发现，在新罕布什尔州跟爱荷华州等早期初选州，其投票者对于选出总统候选人的影响力，是后续各州投票者的五倍。

研究者奈特与席夫研发出一个统计模型，用来检验每日调查资料，如何反应到总统候选人初选的结果上。在这个模型中，候选人在早期初选州的表现超乎预期时，可获得一股作气的帮助。比方说他们发现，2004年的民主党候选人克里，在早期初选州获得意外胜利后，就从原本在初选开始前大大领先的迪恩手上，抢到了不少票。根据研究结果，奈特与席夫预测，倘若2004年不是新罕布什尔跟爱荷华这两个州先行投票的话，民主党总统候选人可能会换成爱德华兹，而不是克里。

奈特表示，研究结果显示先投票的人，对于选出总统候选人有不成比例的影响，这违反了"一人一票"的民主理想；但是很明显地，初选日期对于选出候选人，扮演了关键性角色。奈特与席夫也把2004年的初选，跟全国初选同时做模拟。由于少了一鼓作气的效应，他们预测结果会比克里的压倒性胜利紧绷得多。此外，这项研究也指出早期投票者这种不成比例的影响力，如何影响到候选人的选战资源分配。他们认为，虽然这些研究结果是针对2004年的美国总统候选人初选所作，这些结果适用于更一般性的情况，他们希望以此探讨什么系统最能选出最佳候选人。例如考虑全国初选是否应该要让各州在同一天举行投票，或是跟现行依次投票的系统混用，让先进行初选的区域得以轮替。

会传染的寂寞

心理学研究发现：如果有人在某次问卷中回答他感到寂寞，他最亲密的人有 52% 在两年后也会有同样的感觉。

神经科学家与社会科学家的新研究也许能为我们解释这个现象。以前我们常认为寂寞是一种起因于环境或是反社会人格的独立情绪状态，仅会影响个人。如今，科学家表示寂寞的起因不纯。芝加哥大学的心理学家最近的一项研究认为，寂寞是种社会现象，跟疾病一样存在于社会中、传播于人群间。有人会持续寂寞的状态，而这通常都跟严重的精神疾病有关，例如忧郁症、睡眠调节异常、高血压，甚至有引起老年痴呆症的危险。

研究者要求 4500 多名的志愿者填写三份问卷，每份间隔两年，调查他们在填问卷的前一周感到寂寞的天数。调查结果给人新的启发：如果有人在某次问卷中回答他感到寂寞，他最亲密的人（不是家人就是好朋友）有 52% 在两年后也会有同样的感觉。此效应在最亲密的人之间作用最强，随着关系疏远而减弱，但在三度分离的关系中仍然有效。换句话说，寂寞的人能让朋友的朋友的朋友也感到寂寞。因此，寂寞不是独处的特有症状，不只反映了个人的情绪状态，更是全体社会的健康指标——你也可以说它是温度计，能反映出人际互动的冷与热。这表明，人天生就是群居动物，如果寂寞悄悄在人群间传染，它就能像癌症一样折磨社会。

这些数据揭示了现象间的关联性，为人们对相关问题的研究找到了切入点。人是如何"感染"到寂寞呢？根据数据可以推论，寂寞是由猜疑与负面情绪传染出去的，光是皱个眉头、面露不悦、言辞损人或是摆个不讨喜的姿势，就足以传播人的负面情绪。这项研究的意义在于，要治疗寂寞这种心理障碍，就不能单单关注个人，而是需要从社会和人群入手。

无所不在的数学

流行病学数字地图

艾滋病患者有多少？他们住在哪里？是黑人还是白人？是男性还是女性？是穷人还是富人？如果有一张艾滋病的流行病学数字地图，就可以初步回答你的这些疑问。

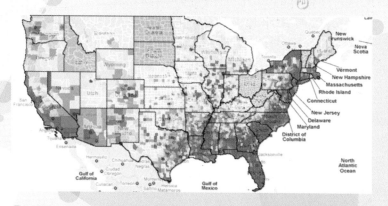

　　距离第一宗艾滋病例快 30 周年的今天，网络上出现了一张新的谷歌交互式地图，透露了美国艾滋病患的分布状况。这张地图标示了小至郡县的数据，甚至在某些城市，连邮政区内的资料都一览无遗。

　　非营利的"艾滋视野"计划主持人花了一年半以上的时间统筹数据的输入，制作了一张谷歌地图，使用者只要点击几下鼠标，地图上就会出现各郡的艾滋病例和比率，还有病毒在不同性别、收入、族裔及其他社群间的传染模式。它依据的是 2008 年的数据，虽然并未完整呈现美国艾滋病患的确切分布情形，但仍然对美国艾滋病的地理分布做了有史以来最详尽的图解。这张地图显示，艾滋病毒的传播路径不像一般统计报告那样遵守边界划分的规定。从图上可以发现艾滋病毒遍及美国各处，连偏远的乡村地区也不能幸免，你还可以看到美国东南方有一道自北向南的病毒传播走廊，这些例子展现了研究艾滋病的新方向。

用串珠做巴基球

    1985 年，英国化学家克罗托做出了 60 个碳组成的像足球一样的碳－60 模型，并因此获得 1996 年诺贝尔化学奖。碳－60 是俗称的富勒烯的一种，此外这个家族还有碳－70、碳－80、碳－168 等。尽管富勒烯是这么晚才被人类发现的碳分子形态，不像钻石跟石墨那么早为人所知，但它的奇特性能却具有巨大的应用潜力，在超导、信息记录甚至美白跟抗癌领域都有开发前景。可是，你曾想过你用简单的材料做出它们的分子模型吗？

    几年前，台湾大学化学系的金必耀教授路过一家手工店，看到橱窗里也有展示一些编织好的作品，他忽然发现，一些用珠子串起来的东西长得很像富勒烯的结构。于是，他买了些珠子回家试着自己动手开始做串珠，不仅做出了有许多五边形组成的碳－60 模型和像菠萝似的碳－70 模型，还做出了很多目前理论上还无法合成的碳分子结构。有了这样的发现，金必耀教授便和他指导的研究生开始把分子结构跟串珠结合在一起研究。最近，他的串珠作品登上了美国《Make》杂志旗下的《数学星期一》，并被称之为"数学串珠"。

为何说这是数学串珠呢？因为这些串珠不是任意制作的，使用的珠子数量必须符合实际的碳碳键数量。一般人可能会觉得，喔！珠子圆圆的，所以它们是代表碳原子，其实不是这样的。每一颗珠子代表的是一个使两个原子结合在一起的化学键，所以这颗碳–60不是由60颗珠子构成，而是90颗。而原子在哪里呢？原子是珠子与珠子之间的缝隙。

　　由于直观上人们会以为珠子代表原子，因此金必耀教授也试着用长形（米粒形）的串珠来制作富勒烯分子，但这种模型的结构太软，因为长形串珠做出来的模型比较松散易变形，没有圆形串珠那样坚固。此外，珠子的色彩也有其代表意义，不同色泽的珠子表示不同性质的碳碳键。

　　尽管这些串珠含有这么深奥的科学意义，但我们还是可以用简单的心情看待它：它们简洁、和谐而且漂亮。不管串珠代表的是甜甜圈、菠萝、足球还是富勒烯分子，它们背后藏着一个简洁但有秩序的微观世界。

美丽的富勒烯分子串珠，它是由12个正五边形和20个正六边形组成的半正多面体。

用米粒形串珠做的碳–60模型，结构比较软。

各种形状的富勒烯分子

找寻过往的时光

自然的历史数据

英国绿洲乐团有一首名曲叫作《永生》，这或许是人们无法实现的梦想。然而，从另一个方面看，人固然不是永生者，但却可以通过科学研究，回顾与预测地球的过去与未来。透过对海洋的历史记录如冰芯、有孔虫、珊瑚礁的研究，科学家得到一个极有规律的地球气候变化图景：地球在几百万年前，便一直处于间冰期与冰期的交互替换之中，而未来地球的气候也很可能会依照这个周期变化，而现在的地球正处于较温暖的间冰期。

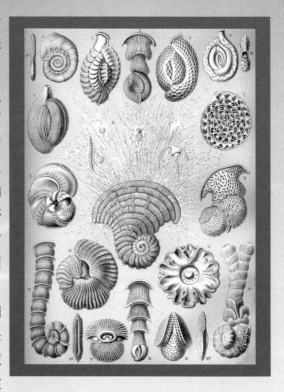

在全球气候变化研究中，地球气候的变迁再次成为焦点。根据联合国IPCC的研究报告，地球温度比起一千多年前增加了2℃，于是各国对于环保的警觉开始苏醒，把罪过全部推向一个"凶手"——二氧化碳。但二氧化碳的增加是不是真的已经造成了全球变暖呢？

来自冰川的信息

根据地球历史中显示的冰川体积变化与大气中二氧化碳浓度变化两者的对比，可以发现一个惊人的事实：二氧化碳浓度的变化是受到冰川体积变化所影响。也就是说，二氧化碳浓度的变化是被动而非主动，所以大气中二氧化碳浓度影响了全球气温，使得冰川融化的说法，在目前科学界中仍是个大问号。而同样引起争议的还有温度比起过去增加了 2℃这个说法，有人质疑数据的处理方式、可信度、误差等，光是在科学界中就没有一个大家都能同意的说法。

可是科学结果的不确定，真的能够掩盖真相吗？绝对不是，透过古代写生画家记录的冰川面貌，比较现今的冰川，我们可以发现冰川体积的确是在渐渐缩小的。换句话说，无论造成暖化的真正原因为何，全球变暖的确是在进行之中，全球升温所造成的生态改变，还有人类生存的空间等问题绝对不容小觑。而冰期与间冰期的周期到底是多少？地球还会继续暖多久？除了地球化学与地球物理方法外，还有一些天文科学家，利用计算太阳倾角、离心周期率等，与地球科学的结果作了一个巧妙的结合与印证，科学家预测了地球终将会迈入冰期，而在这之前，地球最少还会暖上 16000 年。

冰川今与昔：从摄影作品中可以看出美国阿拉斯加的冰川前后 60 年的改变。

百合花和孔雀屏

百合绽放中的数学

在英文中，"百合一样的白"（lily white）意味着纯白和完美无瑕。数百年来，百合是许多诗人和艺术家的灵感来源。但你知不知道，百合紧密卷起的花瓣是如何从花苞里绽放的呢？最近，哈佛大学工程与应用科学学院应用数学系的数学家对这个问题进行了研究，他们结合数学理论、观测和实验结果，描述百合开花的过程，发现百合花开的驱动力主要来自花瓣的生长差异和边缘的皱褶。

通过对香水百合的研究发现，它的花苞外部有三片萼片，包覆住里面的三片花瓣。每片花瓣和萼片中央都有一条较硬的中脉，保护花苞结构，萼片的边缘则紧靠着花瓣中脉上的一道道沟槽，形成锁定机制，把花苞包覆起来，直到花苞内部的生长到达临界点为止。

过去认为，花瓣能从花苞中绽放开来，是因为生长的中脉提供了内部压力。还有一种看似合理的看法是，花开是因为花瓣和萼片的内侧（向轴面）长得比外侧（背轴面）快。但这项新的研究显示，百合花开的主要驱动力并不是中脉生长，也不是向轴面、背轴面的差别生长。花朵会盛开，是因为花瓣边缘快速生长并产生皱褶，进而在花苞内部形成张力。在研究中，研究人员认真测量了花瓣不同部位的生长情况，并决定哪些生长是花苞开放必需的因素，接着以数学方法描述开花过程。

这个结果似乎支持了大文豪歌德早在1790年就提出的一个观点：花瓣和叶子可能是从古代的同一个构造演化而成的。这项研究恰恰表明，花瓣和叶子除了外观都呈叶片状之外，它们的形态变化也遵循类似的原理。例如，叶面构造的生长速度差异造成边缘长得比中间快，因此在叶子边缘形成皱褶，而绽放的百合花和叶片生长的机制非常相似，只不过花瓣的构造是卷曲的。

科学源于好奇，许多科学研究都是受自然界中的美丽事物所启发而来；而科学的成果却有很多意想不到的用途。这项研究成果可应用在薄膜和弹性材料科学中，也可用来改良一些模仿花开过程所设计的感应器和驱动器。

孔雀屏上的眼斑

雄孔雀开屏是一种神奇美丽的景象，在那闪闪动人的孔雀屏上，那些点缀着眼状斑点的羽毛，就是达尔文用于论证适者生存的经典例子。问题是，是不是那些长得像眼睛一样的斑点越多，就越能吸引雌孔雀呢？你可能会不假思索地回答，那是当然啊。过去的研究也表明，在雄孔雀之间"巡视"的雌孔雀，一般总是会挑上眼斑最多的那只。而如果把雄孔雀的羽毛剪掉，使它少二十个眼斑，就没有雌孔雀跟它约会；如果把剪下的羽毛系回去，又会被雌孔雀看上。

可是，最近日本的研究者在研究野生孔雀时，却推翻了先前的结论，表示他们在长达7年的研究资料中，并未发现眼斑数量可造成择偶优势。美国的相关研究进一步发现，眼斑数量与择偶成功的关系不是简单的对应关系，而好像存在着一个门槛：一旦展示羽毛时眼斑少于 138 个时，雄孔雀配对的机会就会大大减少。但为什么呢？显然还有待更进一步的研究。

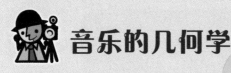

音乐的几何学

几何空间中的乐声

对大多数人来说，莫扎特钢琴奏鸣曲，是成串的优美音符，但对普林斯顿大学的音乐理论家和作曲家提摩科兹克教授和他的同行而言，这些旋律却灵巧地跳动在多维几何空间之中。如何用几何研究数学？方法并不难理解，因为不同序列音符之间可能存在等价关系，例如 Do-Mi-Sol 和 Re- 升 Fa- La 均为大三和弦，在不同八度音阶弹奏 Do-Mi-Sol 基本上仍视为同一和弦。他们试图用几何概念，来呈现音乐家耳中的等价音。

  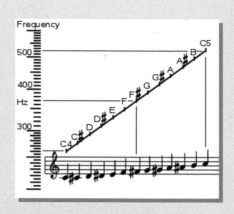

虽然这个新方法使用到听起来吓人的数学，做法却相当单纯。

作曲原本是透过多到数不清的音符排列组合创作出旋律与和弦进程，一旦找出其等价音，创作过程就从多维空间排序简化为大为紧密的空间排序。一小群一小群音符构成了不同的"音乐对象"，它们之间的关系，可以用几何的空间形式刻画，乐曲就成为在这种空间中划动的轨迹。

这听起来很玄，却可以解决几世纪以来作曲家及音乐学家努力克服的问题。在对音乐的诠释中，不同的演奏者会有不同的取舍，例如《彩虹深处》原曲为降 E 调，若改以 G 调演奏，音符虽完全不同，但没有人会认为那是另一首曲子。现在我们可以说，根据这项研究它们的几何结构是不变的。

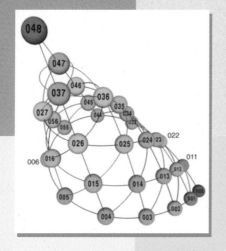

在音乐理论中，一般常用五种转换形态来衡量音乐的等价性，包括八度音阶转换、音符重新排序（例如将Do-Mi-Sol和弦转位为Mi-Sol-Do）及同音重复（例如在Do-Mi-Sol或Mi-Sol-Do和弦多加一个高音Mi）。等价性需以上述五种形态的其中一个，或是选择其中几种组合而成，所以就有32种排列组合出的两个和弦，可以视为是同一个"等价"和弦。

作曲与几何

实际上各式各样的音乐问题均可用几何语言描述。例如它可以用来衡量不同的音符或和弦排序之间的相似度，以决定是否可视为来自同一音乐灵感的变奏。

如果用这种方法研究音乐作品，可以找出音乐理论家从未注意到的和弦排序方法相关性。比方说，运用这个方法可以发现，德彪西的《牧神的午后》中的一个和弦排序，和早先瓦格纳在《崔斯坦与伊索德》所用的一个和弦排序有怎样的关联性，这是用传统方法分析不太能看出来的。

德彪西不可能知道，他用的和弦和瓦格纳的作品之间存在数学关系。但提摩科兹克认为，随着作曲家踏入几何音乐空间进行探索，这样的关联性一定会浮现出来。就像登山客最终会发现，连接两点的所有可能路径中，只有少数几条真正可通行一样。

密码中的数学

概率与密码

在保密学——密码的编制和破译中，概率论起着重要的作用。要使敌人不能破译电文而又能使盟友容易译出电文，一直是外交官和将军们关心的问题。罗马的恺撒大帝可以算得上密码创始者之一，他曾经把密文中的每个字母换为按拉丁字母次序后移三位之后的字母来编制密码。

在信息时代，保密越来越困难。当在网络中，计算机之间传输的财务报告、医疗记录以及其他敏感的信息很容易被截取破译时，如今对于安全以及隐私权保障的担心日益增长。

我们知道，拼音文字的一个重要特征是单个字母不以同样的频率出现。例如，在通常的英文文章中，平均来说字母"E"的比例只占所有字母的12％，"T"占 8.5％，而"J"的出现远小于 1％。像恺撒编制的简单密码（不过现在是用于英文字母），如用 FRGHV 来代替 CODES 很容易通过对加密电文中字母的频率分析来破译。出现频率最高的字母大概表示"E"，出现频率次高的字母大概是"T"，以此类推。

现代保密系统采用了能确保每个字母在密文中的出现概率都相等的技术。一种理论上不可破译的密码是（用后即行销毁的）"一次性密码本"。这种密码本是一长串的随机数，每个都在 1 和 26 之间。这样一种密码本可能从以下数字开始：19，7，12，1，3，8，…如"ELEVEN"这个词，你用字母表中 E 后面第 19 个字母表示 E，而用 I 后面第 7 个字母表示 I，等等。因此，ELEVEN 变成了 XSQWHV。注意，尽管在"明码电文"中"E"出现 3 次，但是在"密码电文"XSQWHV 中却用 3 个不同的字母来替换。

苏联在第二次世界大战期间及战后许多年中采用了"一次性密码本"。1995 年 7 月，美国国家安全局公开了它在 1944 年破译了苏联的密码。苏联特工人员曾重复地使用某些随机数列，这就使得破译者能识别出他们在密文中所用的模式。

数论的妙用

以往人们在军事上所用的密码其基本的方法是代换法和置换法。如果我要发出下面一条消息给你："我有一个秘密对你说。"

我就先把这几个字换成数字，即一般密码本上的代码，假定"我"字的代码是 3314，"有"字的代码是 1432，"一"字代码是 0001，等等，则上面那句话就成了 331414320001 …

代换密码是把 0,1,2,…,9 十个数字互换，譬如我们可以把 0 换成 2,1 换成 3,等等，若用群论的符号表示，上面的代换可记为 G 法：

$$G = \begin{pmatrix} 0 & 1 & 2 & 3 & 4 & 5 & 6 & 7 & 8 & 9 \\ 2 & 3 & 5 & 7 & 6 & 4 & 9 & 0 & 8 & 1 \end{pmatrix}$$

这个表示法是上行为 0, 1, 2, …, 9, 而下行是他们代换成的新数字，即 0 2,1 3,2 5,…因此刚才的密码若用 G 法代换，则成了

773636752223…

这时一个不知道这个代换规则的人看到了上面的信号，他就不能从密码本子里找出它的原意了。

再来说置换法。置换法的基本做法是把密码排成一种双方都知道的形式，例如下图所示的 W 形，并规定从左到右、从上往下读取。

则发出的信号为 755772433216623，同样的，不知道这种特定图案的人，很难解开原来的信息。

以代换法为例，像 G 这类的转换可以有 10! 即 3628800 种不同的变化，假定我们可以在一分钟内试一种代换，又假定我们的运气中等，在试到一半时即 1814400 次时可以成功，则在不吃、不睡、不错的情形下，我们要试 3 年零 165 天，等谜解出来的时候，仗早已打完了。但这只是最基本的密码而已，如果两位两位地代换（如 00，79，01 85，…）则其变化可达 100! 即 9.33×10^{157} 种之多。再用硬试的方法，100 万人同心协力也得用 6×10^{48} 年才能试出谜底，而地球的年龄也不过 5×10^9 年。

要解密码，一般不用硬试的方法，而常常采用前面提到的概率分析的方法，根据名字（或字母）出现的频率及发生的事件加以分析。例如在英语中，各字母出现的频率按多少排列是：

e，a，o，i，d，h，n，r，s，t，
u，y，c，f，g，j，m，w，b，…

因此一个出现次数最多的符号就很可能代表 e，出现次多的符号就很可能代表 a，并以此类推。如果不断地变化代换的方法，譬如说前 100 个字用代换法 G1，第二个 100 个字用代换法 G2，概率分析法就会失去功效。

传统密码最大的特点是收发双方都必须同时知道这种密码的内容和编制方法。在一个通讯系统中，如果有一个联络站被间谍渗入或被敌人占领，密码的机密可能全盘暴露。现在用数论的密码是公开式的，即收方只知道密码的解法，发方只知道如何编制密码，而且编制的方法可以是公开的。其操作程序是：

1. 收方先告诉发方如何把情报做成密码（敌人也听到了这个做法）。

2. 发方依法发出情报的密码（敌人也听到了这个信号）。

3. 收方解开此密码，获得原信息（但敌人却解不开此密码）。

这种方法最大的好处就是只有一方知道解密码的秘诀，即使发方被捕，敌人也无法获得密码的解法。比以前收发双方都知道秘诀的保密性高多了。自从这类的密码法发表之后，很多相关的数论研究从纯数学变成了高度保密性的研究。

人天生就有推理能力吗？

三种数学能力

在漫长的演化和适应过程中，人和动物为了生存，演化出许多特定的先天能力，使之得以持续繁衍。先天能力和我们后天习得的能力不同，但良好的天赋加上后天的努力往往相得益彰。特别是在后天能力的学习中，如果具有某方面的天赋能力，就会事半功倍。数学的学习就是如此。认知科学的研究表明，人类为了求生存，已经具备天生的识别数字的能力。同时，人类是强烈依赖视觉的动物，发展出了许多能快速辨认形状、对称、平行、垂直的能力。

而更重要的数学能力是推理的能力，这是一种天赋吗？人在幼儿时期就会对不合理过程感到惊讶，并对可能出现的结果有所期待。但同时，我们却普遍发现，很多成人的思维和表达往往出现逻辑混乱。

逻辑混乱为哪般

你想看看你会不会犯逻辑混乱的错误吗？请你看看下面三个问题，然后作出回答并记下所花时间。

问题 1：全班举行数学考试，将每个人的成绩登记在卡片正面，一人一卡，并特别依照"若成绩在 30 分以下者，则在卡片背后写失败"作出标记。下面这四张卡片，有正面（绿色）也有背面（黄色），假定让你来检查这些卡片是否有违反这条规则的情况，请问有哪些卡片是你一定要翻过来检查之后，才能确定是否违反了规定？

25	40	失败	（空白）

问题 2：某家书店一般打九折，但对 18 岁以下的学生另有特别的五折优惠。他们将每个人的折扣登记在卡片上，一人一卡，正面（绿色）登记折数，背面（黄色）标记他们的姓名与年龄。如果让你检查这些卡片是否有违反这条规则的错误情况，请问下面这四张卡片，有哪些卡片是你一定要翻过来检查之后，才能确定是否违反了规定？

五折	九折	13	30

问题 3：某家电影院的电影票为 80 元，但规定"如果买电影票 100 元，除了看一场电影外，还附赠一瓶饮料与一盒爆米花"。他们将每位顾客买的票价登记在卡片正面（绿色），并在背面（黄色）标记他们的权利。现在让你检查这些卡片是否有违反这条规则的错误情况，请问下面这四张卡片，有哪些卡片是你一定要翻过来检查之后，才能确定是否违反了规定？

100 元	80 元	看电影 饮料 爆米花	看电影

三个例子的答案都是最左边和最右边的卡片。看看你的答案是否正确和你所花的时间，哪个问题花了你比较长的时间。

事实上，这三个试验的逻辑结构完全一样，逻辑规则在形式上都是"如果 P，那么 Q"。三个问题中，从左到右的卡片都分别是 P、非 P、Q、非 Q。由命题逻辑可知，违反"如果 P，那么 Q"的情况是"P 且非 Q"（或写成 P 真且 Q 假）。因此，必须两面检查的都是最左边的 P 与最右边的非 Q。这三个例子的逻辑结构相同，如果人类的推理能力真的受到演化的支持，可以预期三个问题的答案不会相差太多，应该有相当多的人可得出正确答案。

然而，试验结果并非如此。问题 1 的回答的正确率不到 50%，问题 2 的正确率为 75%，而问题 3 的正确率不到 25%。为什么会出现这样的情形呢？原因是它们与利益的相关程度不同。由于人们普遍具有防骗心理和侥幸的心理，他们倾向于检查是否会受骗，下意识地想翻开可能"获益"的卡片，看是否满足获益条件；或者出于侥幸心理，下意识地想去翻违反获益条件的卡片，看能不能获得额外的利益。在面对问题 2，在防骗心理和侥幸心理的作用下，大多数人分别选择了最左与最右的卡片。同样地，也是在这种心理作用下，面对问题 3，大多数人选择了中间的卡片。再看问题 1，由于它与利益关系不大，人们的判断结果基本上反映他们的推理能力。问题 1 的 50% 的正确率表明人的推理能力并不很强，问题 2 的高正确率并不能说明人们的逻辑推理能力有多强，问题 3 的低正确率表明人们可能会因为利益因素影响逻辑判断。而且，人们回答问题 2 最快，问题 1 其次，问题 3 最慢，时间快慢大概反映了心理作用与逻辑判断的较量过程吧。

抓气球和围猫

看谁先抓完

在下图中,有 1 个黑色气球,48 个白色气球,当抓住坐标为 (3, 4) 的白色气球时,这个气球往右及往上区域的白色气球都会消失,如下图所示:

下面,让我们来玩一个抓气球比赛。甲、乙两人轮流抓气球,游戏规则是:

1. 每次必须抓台面上还存在的一个白色气球。

2. 当一个白色气球被抓时,这个气球往右及往上区域的白色气球都会消失。

3. 在抓完之后,只剩黑色气球(即所有白色气球都消失)的人获胜。

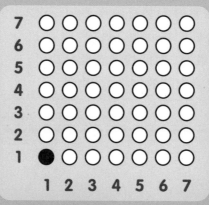

请你想一想，是先抓气球的人还是后抓气球的人有必胜的可能性？这类游戏在有限次的抓气球之后就可以分出胜负，而且不可能平手。这类游戏的最大特色就是先玩的人可以胜利。下面我们来分析一下其中的原因。

假定甲先抓坐标为 $(2, 2)$ 的气球，此时只剩黑色气球及正向右与正向上的白色气球，如下面左图所示：

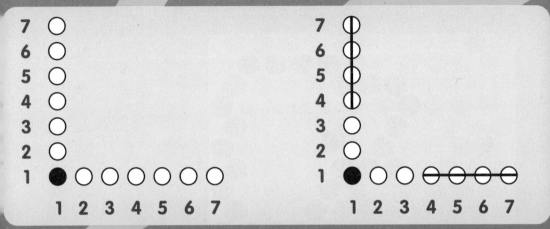

接着轮到乙抓气球，假设乙抓坐标为 $(4, 1)$ 的气球，那么使用对称的技巧，甲只需抓坐标为 $(1, 4)$ 的气球就可以形成如上右图的形状。接下来甲都采取对称抓气球的手法，一定可以抓到最后一颗白色气球，即甲会获胜。

在了解了 7×7 的抓气球游戏之后，不妨再试试 7×2 和 4×3 的情形：

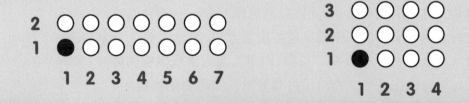

最后，我们可以想想在一般平面坐标上的情况：x 与 y 都是正整数，在坐标 (x, y) 上放置气球，除了 $(1, 1)$ 为黑色气球外，其余都为白色气球，同样按照抓气球的规则来玩这个游戏。想一想，这时有无穷多个白色气球，在有限次抓气球之后，可以让所有的白色气球都消失吗？为什么？

有一种网络游戏叫"围猫游戏",是一种很好玩的决策游戏。在布满圆形的长方形棋盘上,每个圆形都与六个圆形相连,一只猫立于棋盘中央的圆形上,玩家每次将一个圆形涂黑来围堵猫,但猫可以往还没有被涂色的邻近的圆形移动,在这个玩家与猫轮流行动的游戏过程中,如果猫被涂色的圆形围住,玩家就赢了,否则就是猫成功逃脱。下图是猫被围住的一种情形:

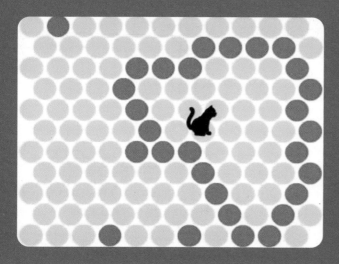

这个游戏原本是心理学家设计的一个数学游戏。心理学家把猫视为需要接受辅导的学生,而围猫的人象征辅导老师,涂色圆圈是猫的朋友,辅导老师必须通过这些朋友的帮助,才能将猫咪围起来——辅导成功。

为了探究围猫游戏中的推理与决策方法,数学家将这个游戏进行了改动:在 9 × 9 的棋盘正中央放一只猫,由甲乙两人来玩围猫的游戏:

1. 甲每次在一个空白格子内放置黑色障碍物围堵猫。

2. 乙每次仅能向东、西、南或北将猫移动一格,逃避甲的围堵,但不得移动到已经放置了黑色障碍物的格子。

3. 甲先围堵,乙再移动,依次轮流进行。

4. 当猫完全被堵住时,甲胜;反之,当猫被移到棋盘的边缘时,甲的围堵失败,乙胜。

请你和朋友一起玩玩这个游戏。想一想,甲和乙有没有必胜的策略:

1. 甲一定能有办法围住猫吗?

2. 乙一定有办法帮助猫逃脱吗?

3. 如果将猫换成国际象棋的马,甲是否有办法围住马?

4. 如果把这个游戏延伸到三维的立体方块空间,情况又会如何?

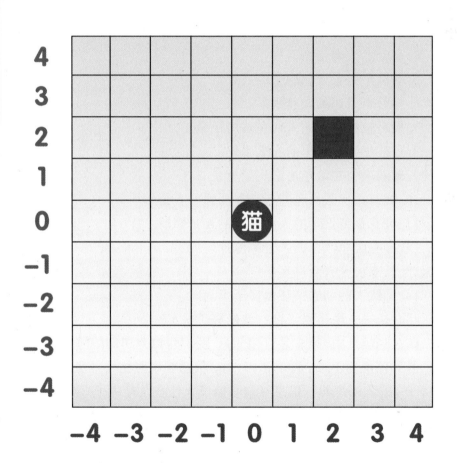

斑马属于谁？

五色房子小世界

现实世界中经常存在的一类问题是寻找一些满足若干限制条件的答案，这就是所谓的约束满足问题。"斑马"问题就是一个著名的约束满足问题：

在五个颜色各异的房子中，居住着不同国籍的人，他们饲养的宠物、喜欢喝的饮料以及拥有的汽车也各不相同，现在知道以下信息：

1. 英国人住在红房子里。

2. 西班牙人养狗。

3. 居住在绿房子里的人喝可乐。

4. 乌克兰人喝蛋酒。

5. 绿房子是象牙色房子的右邻。

6. 拥有老爷车的人养蜗牛。

7. 拥有福特汽车的人住在黄房子里。

8. 住在中间房子里的人喝牛奶。

9. 挪威人住在最左边的房子里。

10. 拥有雪佛莱汽车的人与养狐狸的人是邻居。

11. 拥有福特汽车的人与养马的人是邻居。

12. 拥有奔驰汽车的人爱喝橙汁。

13. 日本人开大众汽车。

14. 挪威人的邻居住在蓝房子里。

问题是——斑马属于谁？谁爱喝矿泉水？

在这些信息中，很多是直接信息。我们可以对房间编号，从左到右的号码依次为1、2、3、4、5号。如，信息8说明住3号房子（即中间房子）的人喝牛奶；信息9说明挪威人住在1号房子（即最左边的房子）里；信息14说明2号房子是蓝色的（因为挪威人的邻居只有一个）。至此，已经了解的信息如下：

房子	1	2	3	4	5
颜色		蓝色			
饮料			牛奶		
国籍	挪威				
汽车					
宠物					

同时,将两个信息结合在一起可以推导出一些有用的信息。信息 1 说明英国人住在红房子里,信息 5 说明绿房子是象牙色房子的右邻。由此可得出结论:

1 号房子不是红色的(因为挪威人住在 1 号房子里)。

3 号和 4 号房子分别为象牙色和绿色,或者 4 号和 5 号房子分别为象牙色和绿色。

所以 1 号房子一定是黄色。由此进一步推断出:挪威人拥有福特汽车(信息 7),2 号房子的主人养马(信息 11)。至此,进一步了解的信息如下:

房子	1	2	3	4	5
颜色	黄色	蓝色			
饮料			牛奶		
国籍	挪威				
汽车	福特				
宠物		马			

假定与推断

　　3号、4号和5号房子的颜色有下面两种可能：

　　(1) 象牙色，绿色，红色

　　(2) 红色，象牙色，绿色

　　我们先假定是第一种情况，那么，由英国人住的房子是红色的（信息1），可以推断英国人住在5号房子里；由住在绿房子里的人喝可乐（信息3），可以推断住在4号房子里的人喝可乐；由乌克兰人喝蛋酒（信息4），可以推断他一定住在2号房子里（因为挪威人和英国人分别住1号和5号房子，而3号和4号房子的人分别爱喝牛奶和可乐）；据信息12可进一步推断英国人拥有奔驰汽车，爱喝橙汁（因为或者1号房子或者5号房子的人爱喝橙汁，但是1号房子的挪威人拥有福特汽车）。因此，假定为第一种情况，可以推出以下信息：

房子	1	2	3	4	5
颜色	黄色	蓝色	象牙色	绿色	红色
饮料		蛋酒	牛奶	可乐	橙汁
国籍	挪威	乌克兰			英国
汽车	福特				奔驰
宠物		马			

但依据这些信息进一步推断却表明，这种情况实际上无解。谁是老爷车的主人？他既不是挪威人也不是英国人，因为我们已经知道他们拥有的是什么汽车；也不是日本人，因为信息 13 说明日本人开大众汽车；也不是乌克兰人，因为信息 6 说明老爷车的主人养蜗牛而乌克兰人养马；而且也不是西班牙人，因为西班牙人养狗（信息 2）。至此，我们推出了一个矛盾：假定的第一种情况不可能满足剩下的约束条件。因此，实际情况应该是第二种情况。现在我们已经知道 3 号、4 号、5 号房子的颜色分别为红色、象牙色和绿色，再由信息 1 和信息 3 可得出以下信息：

房子	1	2	3	4	5
颜色	黄色	蓝色	红色	象牙色	绿色
饮料			牛奶		可乐
国籍	挪威		英国		
汽车	福特				
宠物		马			

可进一步推论：乌克兰人爱喝蛋酒（信息4），所以他一定住在2号或4号房子（5号房子的人爱喝可乐）；但是，如果乌克兰人住在4号房子里，那么西班牙人（信息2说明他养狗）就一定住在5号房子里，日本人就一定住在2号房子里。而根据假设，又可推出2号房子的人爱喝橙汁并开奔驰汽车（信息12），这与日本人开大众汽车矛盾！所以，乌克兰人一定住在2号房子。至此，我们已经了解以下信息：

房子	1	2	3	4	5
颜色	黄色	蓝色	红色	象牙色	绿色
饮料		蛋酒	牛奶		可乐
国籍	挪威	乌克兰	英国		
汽车	福特				
宠物		马			

再往下，就很容易找到解答了。由奔驰汽车的主人爱喝橙汁（信息12），可推断他住在4号房子；由日本人拥有大众汽车，可推断日本人住在5号房子；因此，西班牙人（他还养狗）一定住在4号房子。由此，我们已了解以下信息：

房子	1	2	3	4	5
颜色	黄色	蓝色	红色	象牙色	绿色
饮料		蛋酒	牛奶	橙汁	可乐
国籍	挪威	乌克兰	英国	西班牙	日本
汽车	福特			奔驰	大众
宠物		马		狗	

最后，信息 6 说明老爷车的主人养蜗牛，由此可推断他住在 3 号房子。通过信息 10 可以确定雪佛莱汽车和狐狸分别在 2 号和 1 号房间。问题的答案就此揭晓：日本人养斑马，挪威人喝矿泉水。

房子	1	2	3	4	5
颜色	黄色	蓝色	红色	象牙色	绿色
饮料	矿泉水	蛋酒	牛奶	橙汁	可乐
国籍	挪威	乌克兰	英国	西班牙	日本
汽车	福特	雪佛莱	老爷车	奔驰	大众
宠物	狐狸	马	蜗牛	狗	斑马

图灵测试

图灵的想象实验

什么样的机器具有像人一样的智能？人工智能研究的先驱图灵曾经提出过一个想象实验：由一个参加测试的人通过具有电报通讯功能的打字机与一个匿名对象进行交流，对方可能是一个陌生人，也可能是一台计算机，但他并不知道对方是一台计算机还是某个人。如果那个参加测试的人正在与一台计算机交流，并且相信正在与另外一个人交流，就可以认为这台计算机具有像人类一样的智能。这就是著名的图灵测试。

图灵介绍了一个想象的测试实例，形象地说明图灵测试的过程：

问：你能不能以一座桥为题写一首十四行诗呢？

答：你真把我难倒了，我从来都不会写诗。

问：34 957 加 70 764 等于几？

答：（过了 30 秒后）等于 105 621。

问：你下棋吗？

答：下啊。

问：假设我们正在下棋，这个时候我除了在 K1 位置有一枚王之外已经没有别的棋子了，你也只剩 K6 位置的一枚王以及 R1 位置的一枚车，下一步轮到你走了，你准备怎么走？

答：（过了 15 秒后）将车移动到 R8 的位置，将杀。

应对图灵测试的挑战

1968 年，为了应对图灵测试的挑战，美国计算机科学家在 PDP-1 计算机运行了一套名为"博士"的程序。通过一台电传打字机，一位来访的商业设备公司的副总裁与"博士"进行了以下对话：

```
副总裁：请问今天早上我能使用这台电脑吗？
"博士"：你问这个干吗？
副总裁：我想用它和客户进行交流。
"博士"：为什么要这么做？
副总裁：我的目标客户从来没有见过这套系统。
"博士"：这对你来说很重要吗？
副总裁：当然了。
"博士"：看起来你对此很肯定。
副总裁：你的回答太可笑了。
"博士"：为什么你认为它可笑？
副总裁：你能给我一个明确的理由来解释我为什么不能用这台电脑吗？
"博士"：那你需要再多告诉我有关你目标客户的一些情况。
副总裁：那我们在电话里细说吧，号码是 401-1850
```

值得指出的是，在最后一个句子中，副总裁没有使用句号来结尾，所以在程序看来他的命令还没有输完，因此它没有作出进一步的回应。但这种"傲慢的态度"使这位副总裁非常不快，还以为是实验室的主人在戏弄他。

"博士"在一定程度上通过了图灵测试。当程序的拟人化程度非常高时，坐在电脑一端的使用者有可能误以为与他交流的是一个人。如果在现实生活中，当人们并不知道自己是在和计算机而不是人进行交流时，就很有可能会被高级的计算机程序愚弄。

随着网络时代的来临，程序员开始研究起聊天软件。一种名叫"爱丽丝"的聊天软件不仅具有精密的语言解析器、语言脚本和语言生成器，甚至可以分辨出使用者输入的假话和闲言碎语，下面是人与"爱丽丝"的一段聊天：

```
人：你自我感觉聪明吗？
爱丽丝：很聪明，我可以做很多事。
人：你怎么知道自己聪明？
爱丽丝：通过不断地自省。
人：当你说这番话的时候，脑子里在想些什么？
爱丽丝：我在想我自己的事情。
人：我这样不断发问，你感觉如何？
爱丽丝：感觉就是被你不停地追问。
人：今天是什么日子？
爱丽丝：是啊，现在时间已经越来越晚了。2006 年 4 月 25 日，星期二。
人：9×9×9×9 等于多少？
爱丽丝：你按一下计算器就知道了！
```

目前，图灵测试主要通过罗伯纳竞赛的形式展开，"爱丽丝"多次获胜。它所使用的语言是当今流行的数据结构语言 XML，它的编写代码对所有人开放，任何程序员都可以对程序里的 2.5 万个模板进行增删或修改。

概率可以怎么用

法律中的概率论证

在法庭上，与概率有关的问题正愈来愈多。在美国，被指控犯罪的被告最终有罪或无罪常常由陪审团来裁定。在没有见证人的情况下，陪审团必须对 DNA（脱氧核糖核酸）"指纹"证据，毛发的相似性，或与地毯织线的吻合性等作出判断和投票表决。对于 1995 年辛普森（美国著名棒球运动员）谋杀案的审判使法律中的概率论证问题更加突出。在一项审判中，一项证据是否可以采纳的主要因素是证据的相关性。而根据美国联邦证据法规，相关性是用概率来定义的：证据的相关性是指证据的存在更可能或更不可能使某个事实有存在的趋势。但这种概率论证往往容易导致错误。

1968 年加利福尼亚州的柯林斯案就是一个概率论证被误用的案例。在这个案件中，证人报告说：看到一个金发且扎马尾的白人妇女和一个有八字须和络腮胡子的黑人男子一起，从洛杉矶郊区的一个小巷中跑出来，而那里正是一位老年人刚刚遭到来自背后的袭击和抢劫的现场，这对男女开着一辆部分为黄色的汽车逃走。

根据这个线索，警察逮捕了嫌疑犯柯林斯夫妇。柯林斯夫妇有一辆部分为黄色的林肯牌汽车，妻子通常把她的金发挽成马尾，丈夫是一个黑人，逮捕他时，他的胡子刮得很干净，但仍看得出之前他是满脸络腮胡子。

在审判中，公诉人说他有指证柯林斯夫妇有罪的"数学证明"。他给出了见证人指认特征的下列可能性的保守估计——"保守概率"：

特征	保守概率
具有八字须胡子的男人	1/4
扎马尾发型的女人	1/10
金发女人	1/3
长有络腮胡子的黑人男人	1/10
不同种族的夫妇同在一辆汽车中	1/1000
部分黄色的汽车	1/10

公诉人争辩说,这些概率的乘积为 1/1200 万,也就是说,在洛杉矶地区找到具有所有上述特征的另一对夫妇的可能性小于 1/1000 万。于是陪审团判这对夫妇有罪,但加州最高法院在上述中驳回了定罪,他们认为这个概率论证中存在若干的错误。柯林斯案件在法律界引起了广泛争论,很多权威法律刊物发表了专门文章讨论概率论证中的问题。

为敏感问题脱敏

政治问题的民意调查人、公众意见调查员、社会科学家等需要精确地测定人们的信念、看法和行为。虽然调查者会再三作出保密的承诺,被调查者还是担心信息泄漏,不愿意回答一些敏感问题。

1965 年.统计学家沃纳发明了一种随机化应答方法,应用概率知识来消除这种调查中的不愿意情绪。这种方法要求人们随机地回答所提两个问题中的一个,而不必告诉调查者回答的是哪个问题;两个问题中有一个是敏感的或者是令人为难的,另一个问题是无关紧要的。这样应答者将乐意如实地回答问题,因为只有他知道自己回答的是哪个问题。

以调查运动员服用兴奋剂的情况为例,首先问两个问题,无关紧要的问题是:"你的社会保障号码的第三位数字是奇数吗?"敏感的问题是:"你是否每月至少一次使用违禁药品?"然后,调查者要求应答者自己扔硬币。如果是正面,就回答第一个问题,否则回答第二个问题。

假设有 200 名运动员应答者并得到 54 个"是"的回答。因为掷硬币得到正面的概率为 1/2,可预期大约有 100 人回答了第一个问题。因为社会保障号码第三位数字是奇数或偶数的可能性相同,因而在回答第一个问题的 100 人中大约有一半人,即 50 人,回答了"是"。因此,在回答敏感问题的 100 人中大约有 54-50=4 人回答了"是"。由此可以估计这群运动员中大约有 4% 的人每月至少一次使用违禁药物。

模棱两可与模糊逻辑

语言的另类解读

人类的语言具有模糊性，一句话或一段话有时候好像既可以这么理解，也可以那样解读。下面是一位教授对一位求职的学生的情况介绍：

汤姆博士申请了您部门的一个职位，您写信询问我对他的看法。我不会过分地夸奖他，也不会给您举出很多他的优点。要知道，我这里没有什么其他的学生能够和他相比较。当下，您根本想不到还会有人写那样的论文；而无疑，他的论文完全反映出了他的能力。他所了解的素材一定会令您惊讶。如果您聘请他为您工作，确实是幸事一件。

这可真是一封完美的褒贬不清、模棱两可的推荐信！不仅语言具有模糊性，即便在严谨的数学理论中，发现和避免表达的不确定性也相当困难，数学家往往需要花时间消除可能的另类解读。

很多脑筋急转弯就是利用语言的含糊性编出来的。其中一个是关于红绿灯的，"什么东西3只眼，轮流张开和闪动？"一个另类答案就是：被风沙迷眼的3只眼睛的妖怪。有个笑话：以吹牛闻名的得克萨斯人向以色列人炫耀自己的大农场，"我开上一整天吉普车，才能从我的农场的一头开到另一头。"以色列人回答："真可怜，不过你也别难过，我以前也有过这样的吉普。"还有一个故事，一位年轻人在报纸上看到婚介公司的广告，很感兴趣，经过深思熟虑，他向该公司的"智能电脑红娘"提出了自己的交友要求：合群，喜欢穿正装，酷爱冬季运动，个子不要太高。经过严格的筛选，"智能电脑红娘"得出的答案是他希望有一只企鹅做伴。

为何只能是非错即对

"不平静的心"乐队曾经唱响流行乐坛的一首歌曲名为"为何只能非错即对？"，它提出的却是一个数理逻辑的前沿课题。早在古希腊时期，亚里士多德就指出经典逻辑必须服从排中律，一个命题要么为真，要么为假，二者必居其一。在经典集合论中，一个元素或者在一个集合中，或者不在该集合中——命题"a 是集合 S 的元素"不是真(真值取 1)，就是假(真值取 0)。例如，你要么是一个年满 18 岁的人，要么不是。但"为何只能非错即对？"这首歌提醒我们，在现实世界中，存在一些我们不得不面对的中间情况。

在 1965 年，美国控制论学家扎德发表了有关"模糊集合"的论文，模糊数学这门新学科由此诞生。在模糊集合中，一个元素是否属于这个集合有一定的不确定性。在支配模糊集的逻辑中，命题"a 是集合 S 的元素"的真值可以是 0 到 1 中的任一数值，这个中间数值相当于"灰度"。例如，一个身高 1.7 米的男生是高个男生吗？很显然，在不同的情况下，答案是不确定的。

例如，在评估命题 11℃是一寒冷的温度时，我们可以说它是 0.2 真的，即 11℃属于集合"寒冷的温度"的真值是 0.2。我们也可以说，"11℃是一个凉爽的温度"的真值为 0.8 运用模糊逻辑，将热空气吹到房间中的风扇的控制器将应用 11℃是"寒冷的温度"的真值为 0.2 的规则和 11℃是"凉爽的温度"的真值为 0.8 的规则来决定风扇的速度。

"模糊逻辑"应用广泛，例如，自动决定每轮要洗多长时间的模糊洗衣机，管理车辆速度的地铁机车自动控制装置。模糊逻辑装置经常优于一般的控制装置，有时甚至比人做的还好。

中间情况

计算机如何分析语言

语言的统计分析

语言是由文字组成的，但一串文字能否构成我们能理解的句子是需要语言的训练和学习的。语法规则能帮助我们写出正确的、可理解的句子，但语言的复杂远远超过了语法。随着互联网的发展，网络中形成和汇聚了海量的语句，当我们想知道在一个句子中两个近义词该用哪一个时，就可以到谷歌或百度等搜索引擎上搜索一下，搜索结果多的那个词往往更恰当。这里就用到了语言的统计模型。同样地，当计算机想知道它所识别的手写或语音记录下的一个文字序列是否构成一个可理解的句子时，也可以用统计模型来解决。

现有一连串特定顺序排列的词 C_1，C_2，…，C_n，构成一个句子 A，如"我们"、"明天"、"将要"、"飞往"、"巴黎"。现在想知道这种排列是否构成了一个有意义的句子，语言的统计模型的挑选方法就是，看这些词可能的所有排列中哪一种组合的概率最大。假设一种组合出现的可能性即概率为 P(J)，在网络的海量语句库中，C_1 作为第一个词出现的概率为 $P(C_1)$；在第一个词为 C_1 的前提下，第二个词 C_2 出现的概率为 $P(C_2|C_1)$；在第一、第二个词出现的前提下，第三个词 C_3 出现的概率是 $P(C_3|C_1 C_2)$，依次类推。

A 作为一种有意义的组合出现的可能性即概率为：

$$P(J) = P(C_1)P(C_2|C_1)P(C_3|C_1 C_2)\cdots P(C_n|C_1 C_2\cdots C_{n-1})。$$

但这样计算起来太复杂，根据数学上的马尔可夫假设，可以假定任意一个词 C_i 的出现概率只同它前面的那个词 C_{i-1} 有关，A 作为一种有意义的组合出现的可能性即概率可以简化为：

$$P(J) = P(C_1)P(C_2|C_1)P(C_3|C_2)\cdots P(C_i|C_{i-1})\cdots$$

在我们不知道如何用"我们"、"明天"、"将要"、"飞往"、"巴黎"这些词造句时，我们可以把它们打乱，利用海量的网络语言数据库的统计数据进行概率的计算，从中选取概率最大的组合。

句子中词的划分

怎样用计算机把一个句子分成一串词？这是计算机语言分析和网络搜索中的一项重要工作。这看似简单，实际上非常复杂。例如："我今天出差去北京"和"他考上了北京大学"，这两个句子中都有"北京"，但"北京"在第一个句子中是一个独立的词，在第二个句子中则是复合词"北京大学"的一部分。

最简单的方法是查字典：把一个句子从左向右扫描一遍，标出字典里有的词，遇到"北京大学"这样的复合词就找最长的词匹配，遇到不认识的字串就分割成单字词。另一种方法是最少词数法，即将一句话分成数量最少的词串。但并非所有的最长词匹配一定都是一个独立的词，如"北京大学城书店"的恰当划分是"北京 – 大学城 – 书店，"而不是"北京大学 – 城 – 书店"。更大的问题是在有双重理解的情况下难以判断，如"发展中国家"应划分为"发展 – 中 – 国家"，但也可能错误地划分为"发展 – 中国 – 家"。

清华大学的郭进博士用统计语言模型成功解决了这种二义性问题，大大降低了汉语句子分词的差错率。这种方法的思路是：

为了简单起见，假定一个句子 J 可以有以下三种划分词的方法：

$A_1, A_2, A_3, \cdots, A_k$

$B_1, B_2, B_3, \cdots, B_m$

$C_1, C_2, C_3, \cdots, C_n$

其中，$A_1, A_2, B_1, B_2, C_1, C_2$ 等都是汉语的词。那么最好的一种分词方法应该保证分完词后这个句子出现的概率最大。也就是说如果 $A_1, A_2, \cdots, A_k$ 是最好的分法，那么这种组合的概率（P 表示概率）应该最大：

$P(A_1, A_2, A_3, \cdots, A_k) \rangle P(B_1, B_2, B_3, \cdots, B_m)$，

且 $P(A_1, A_2, A_3, \cdots, A_k) \rangle P(C_1, C_2, C_3, \cdots, C_n)$

也就是说，我们只要利用前面提到的统计语言模型计算出每种分词后句子出现的概率，并找出其中概率最大的，我们就能够找到最好的分词方法。

值得指出的是，语言学家对词语的定义不尽相同。比如说"北京大学"，有人认为是一个词，而有人认为该分成两个词。在实际应用中，可以有不同的选择。在机器翻译中，"北京大学"一般被当作一个词。在语音识别中，"北京大学"则多被分成两个词。

十五子棋与华容道

并不简单的十五子棋

你可以自己动手来做一个数学游戏：准备一块比较大的正方形硬纸板，把它分割成 4 行 4 列的 16 个正方形小格。再用纸板或者纸片制作 15 个和大纸板上的小格一样大小的小方块，上面分别写上 1 到 15 这些数字，摆成像图 1 的样子，上面有一个空格。只能通过把与空格相邻的小方块移动到空格中来进行调整，当然，出现新的空格后又可以进行新的移动。

问题是：你如何用这个空格，移动各个小方块，使得纸板上的小方块变成图 2 的顺序？

2	13	7	14
11	■	1	4
6	12	10	5
15	9	3	8

图 1

1	2	3	4
5	6	7	8
9	10	11	12
13	14	15	■

图 2

下面我们来玩这个游戏：

1. 首先应该试试看：能不能把空格移动到纸板上的任何位置？答案是肯定的！那么，你能不能先把图 1 中数字 1、2、3 所在的小方块移动到图 2 中相应的位置？试试看。

2. 如果可以的话，能不能在上述的基础上再把图 1 中数字 4 所在的小方块移动到图 2 中相应的位置？不动数字 1、2、3 所在的小方块而把数字 4 所在的小方块移动到相应的位置是可以做到的，比如，对于图 3 所示的情况，我们按照图 4 所示的方法就可以成功了，而且只需要移动一块 2×3 的长方形地盘！

1	2	3	A
*	*	B	4
*	*	C	■
*	*	*	*

图 3

39

1	2	3	A
*	*	B	4
*	*	C	█
*	*	*	*

1	2	B	3
*	*	█	A
*	*	C	4
*	*	*	*

1	2	3	4
*	*	B	█
*	*	A	C
*	*	*	*

图 4

　　既然数字 1、2、3、4 所在的小方块已经到了正常的位置上，接下去数字 5 到数字 8 所在的小方块也可以这样做了。然后我们可以把数字 9 和数字 13 所在的小方块移到各自正常的位置上。现在我们已经排好了 12 个小方块，我们还能够把数字 11 也移到自己正常的位置上，把空格移到右下角，这时可能出现图 5 所示的两种情况：

1	2	3	4
5	6	7	8
9	10	11	12
13	14	15	█

1	2	3	4
5	6	7	8
9	10	11	15
13	14	12	█

（1）　　　　　　　（2）

图 5

第一种情况表明成功了！

第二种情况能不能移到第一种情况？答案是否定的！

为什么会这样？请你想一想。

最后，请你判断一下，图 6 中的情形能不能恢复成图 2 的正常顺序？

█	1	2	3
4	5	6	7
8	9	10	11
12	13	14	15

图 6

华容道

　　华容道是蜚声世界的中国益智游戏，它的背景故事出自三国演义中关羽在华容道捉放曹操的故事。华容道棋盘为四横格五纵格的盘面，曹操是占四格的正方形棋子；关羽占两横格，张飞、赵云、马超与黄忠四将均占两竖格；还有四个兵各占一格。在游戏时，只能利用盘面上留下的两个空格留出的空间来移动棋子，想办法将曹操移到邻接曹营上方的正中央的位置，让曹操成功逃回曹营,游戏也大功告成。

　　这个游戏本身具有挑战性，而更具挑战性的是如何移动最少的步数让曹操回到曹营。人们利用计算机找到了一些解法,其中一种如下：

　　关羽左让、兵 3 往下、再向左、兵 4 往下 2 格、曹操右逃一格、兵 2 向右、再往上、关羽上让、兵 3,4 各左移两格、曹操下逃、兵 2,1 各右移两格、关羽上让、兵 3 往上、再向右、张飞往上两格、马超向左、兵 4,3 各往下两格、曹操左逃一格、赵云往上两格、黄忠右移一格、兵 3 向右、再往下、曹操下逃、兵 1 往下、再向左、兵 2 向左、再往下、关羽右让、张飞、马超、赵云与黄忠分别上移一格、兵 3 向右、兵 4 向左、曹操下逃回曹营。共计 48 步。

曹 营

阿基米德拼图与七巧板

失而复得的拼图

在1998年的纽约佳士得拍卖会上，有一本其貌不扬的古代羊皮书，以200万美元的高价成交。这本书是一个中世纪的教士在1229年抄写的祈祷文，祈祷书所用羊皮纸是擦掉原来的书写内容后再次书写的再生羊皮纸，而它之所以珍贵，是因为考古人员利用紫外线扫描发现，祈祷书所用的羊皮纸原本是古代科学家阿基米德羊皮纸手稿的手抄本。在祈祷书的最后一页，是阿基米德的一篇叫作"胃疼"的文章，有趣的是它与病痛无关，实际上是一个复杂的几何拼图游戏。这个拼图将一个正方形分割成14块，阿基米德提出的问题是将它们重新拼凑成为正方形的组合方法有多少种？

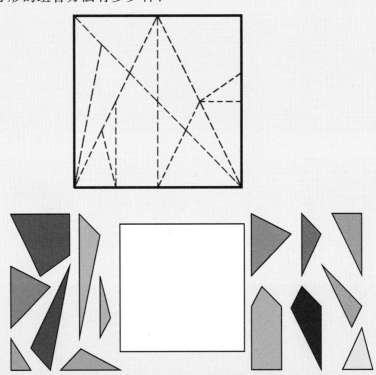

在这再生羊皮纸上，阿基米德所给的答案是17152种！这答案经过科学家比尔·卡特勒用计算机验证无误。如果将旋转或者镜像对称的情况视为同一种，仍然有536种不同的拼法。

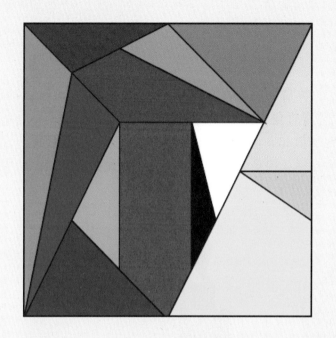

　　显然，阿基米德真正感兴趣的不是拼图游戏而是研究拼成正方形的组合方法。数学家还研究过正方形与正三角形的拼图。他们将正方形分割成四块，然后研究如何将它们逐步拼成正三角形：

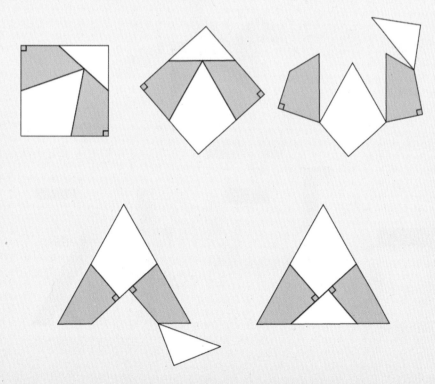

玩转七巧板

　　七巧板是一种源自中国的智力游戏。七巧板是由一个正方形切割而成的七块板,包括五块等腰直角三角形(两块小形三角形、一块中形三角形和两块大形三角形)、一块正方形和一块平行四边形。七巧板可以拼出三角形、平行四边形、不规则多边形等各种几何形状,也可以拼成各种人物形象、动物、桥、房、塔等,还可以拼出中、英文字母。

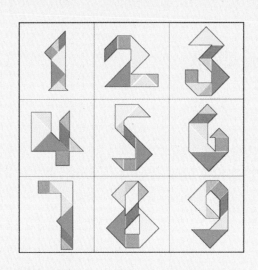

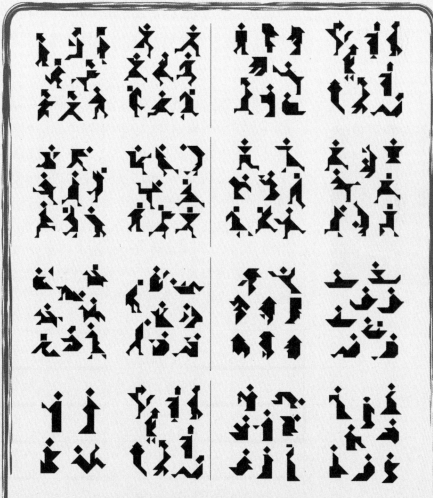

用七巧板拼出的水浒 108 将

锯木板竞赛

汉密尔顿路径

你玩过锯木板游戏吗？这个游戏的规则是：有一块木板上面画了 5×5 或 6×6 的方格，两位玩家每次轮流切割一个单位的长度，谁先将木板锯成两块谁输。

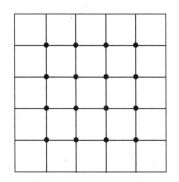

这个游戏的必胜策略可由图论中的"汉密尔顿路径"解决。对于有限平面镶嵌图形来说，外围边界上的交点称为外交点，内部的交点称为内交点。如左图就是一个 5×5 的正方形平面镶嵌图形的内交点。所谓"汉密尔顿路径"，就是能够连接所有内交点的路径。

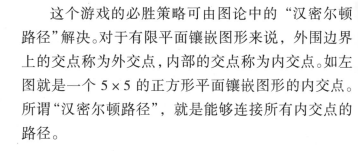

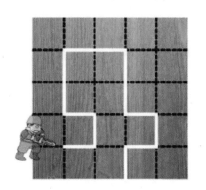

左下图所示就是 5×5 的正方形平面镶嵌图形的一条汉密尔顿路径，而右下图中间隔的红色线段就是后手的必胜路径。在 5×5 的锯木板游戏中，先手首先要必须从一个外交点入手，而由于内交点是偶数个，后手永远可以锯到必胜路径中的红色线段，这些线段包括了所有内交点，且无法围成一个封闭图形，因此它们无法将图形分割为两部分，最后必然逼先手再次锯到外交点，图形分割为两部分。总之，这些红色线段就是后手的必胜路径。

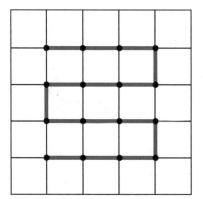

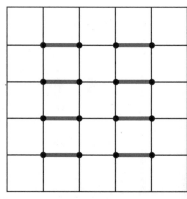

推广到 $m \times n$ 的矩形木板，先找到通过所有内交点的汉密尔顿路径，再对此路径进行锯与不锯的必胜路径设计。这时候可以分成两类情况：一类如上面 5×5 的例子，当内交点数为偶数时，内交点完全可包括在间隔的红色线段中；另一类如下图就是 6×8 的例子，当内交点数为奇数时，会剩下一个内交点无法被间隔的红色线段所包括，这是先手一定可以先锯到多出来的这个点，然后始终可以锯到红色线段并最终获胜。在这种情况下，剩余的内交点加上红色线段就是先手的必胜路径。

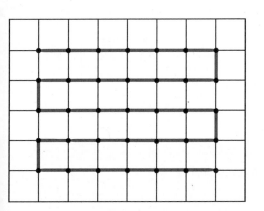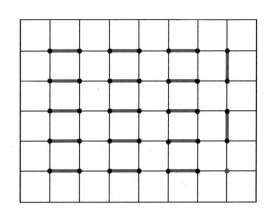

走上必胜之路

把这个问题推广到正三角形和正六边形的平面正镶嵌，我们还是可以利用寻找汉密尔顿路径的方式来设计必胜路径。下图所示就是正三角形和正六边形的平面正镶嵌的汉密尔顿路径和必胜路径。

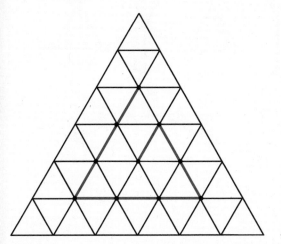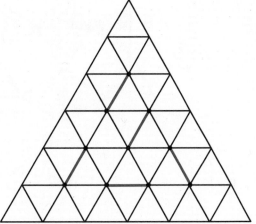

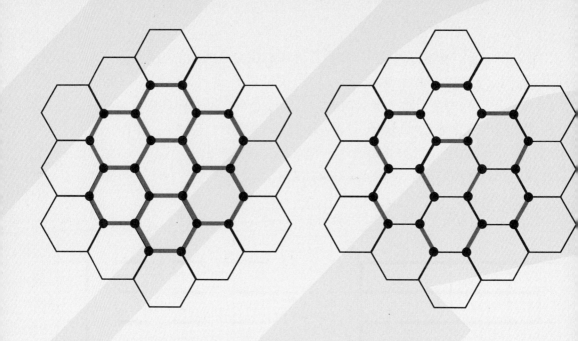

可以继续将这问题推广至两个以上的正多边形在平面上铺成的镶嵌图形。下图就是一种正三角形与正方形的组合平面镶嵌图形系列：

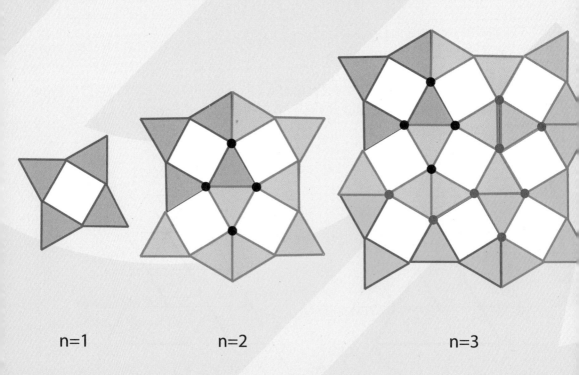

n=1   n=2   n=3

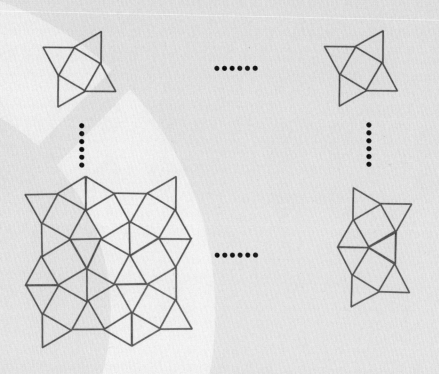

以 $n = 4$ 为例，它的汉密尔顿路径和必胜路径设计如下：

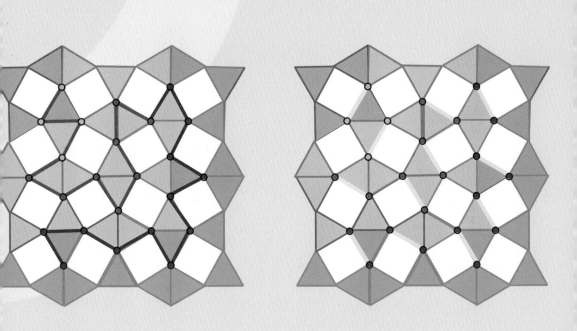

下面是正方形与正多边形的组合平面镶嵌图形系列,先定义其生长规则如下图:

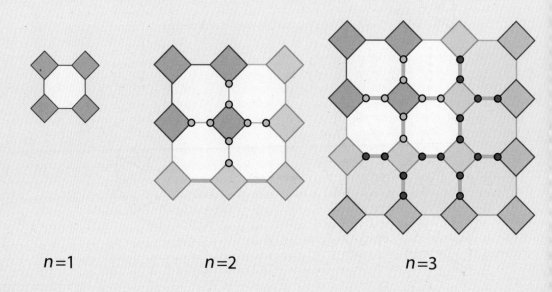

$n=1$　　　　　　$n=2$　　　　　　　　$n=3$

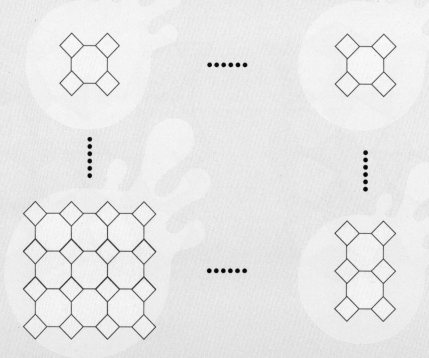

在这样的图形中显然无法找到一条通过所有内交点的路径，但我们还是可以利用两两一对的方式，设计出不相连的必胜路径线段，下图就是 $n = 4$ 的例子：

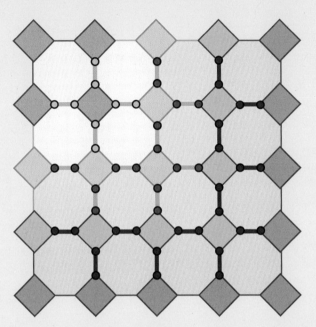

四方连块拼图

黑白见分晓

　　"四方连块"是指四个单位正方形以边与边相连接而成的图形，如果将旋转和左右对称的图形视为同一种，可以形成 5 种不同形状的平面图形，它们分别记为 L 形、Z 形、O 形、I 形、T 形：

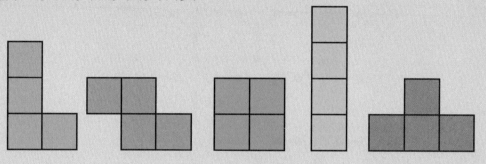

　　四方连块拼图游戏就是要用五种图形拼出一个矩形。首先，你可以试试，这五种图形中各取一个能否拼出一个面积为 20 单位面积的矩形？结果是否定的。如果每一种用两个，可以拼出 5×8 和 4×10 的矩形。一个比较有挑战性的问题是，能否用 9 个四方连块组成 6×6 的正方形？动手试一试之后，不难得到好多拼法。其中的一种是 O 形、I 形、T 形、Z 形各 2 个和 1 个 L 形的组合，如下图所示：

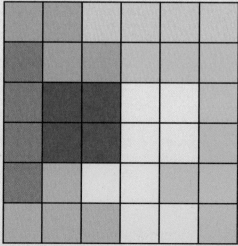

更难的挑战是，能否用 5 个同一形状四方连块和其他四种形状的四方连块各 1 个拼成 6×6 的正方形？

我们可以用图解法来回答这个问题。首先将 6×6 的正方形涂成黑白相间的棋盘，如下图。

将这 5 种形状的四方连块放在棋盘上时，L 形、Z 形、O 形、I 形分别覆盖 2 黑格和 2 白格，而 T 形只可能覆盖 1 黑格、3 白格或是 3 黑格、1 白格，由于 6×6 正方形棋盘上黑、白格数相同，如果能将棋盘盖满，T 形四方连块的个数必须为偶数，在这个拼图游戏中的 T 形四方连块个数只可能是 4 个或 2 个，不能为 5 个或 1 个。因此，不可能用 5 个同一形状的四方连块和其他四种形状的四方连块各 1 个来拼成 6×6 正方形。

一分为二

四方连块拼成 6×6 的正方形的各种情况中，有一些拼法可以将 6×6 正方形分割成两个较小的 6×4 矩形和 6×2 矩形：

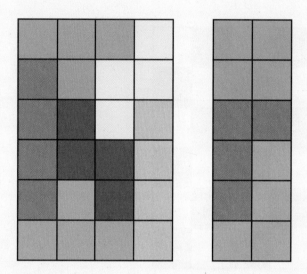

通过观察，可以发现如果要将 6×6 的正方形拆成两个矩形，这两个小矩形的面积必定是 4 的倍数，所以只能拆成 6×4、6×2 两类矩形。其中，6×2 的矩形的拼法有如下 4 种：

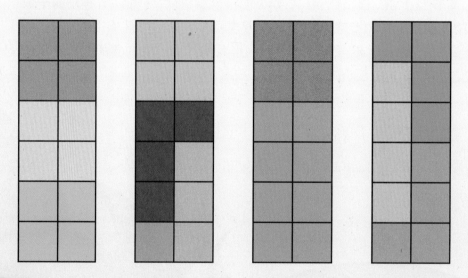

由左至右分别为：3个 O 形、1个 O 形 2个 L 形、1个 O 形 2个 I 形、1个
I 形 2个 L 形。这 4 种 6×2 的矩形中皆不含 T 形和 Z 形，所以 6×4 的矩形可
以包含的四方连块种类分成：T、Z、L 形，T、Z、I 形，T、Z、O 形，T、Z、L、I 形，T、
Z、L、O 形，T、Z、I、O 形及 T、Z、I、O、L 形，共 7 种。其中，T、Z、O 形和 T、Z、I、
O 形不可能存在（试一试，想想为什么？）。

　　在剩下 5 种 6×4 矩形中，有一些可进一步拆成两个更小的矩形，可能的拆
法有：5×4 和 1×4，4×4 和 2×4，3×4 和 3×4。你可以动手试一试吗？下
图就是由 2×4、4×4 和 6×2 矩形组合出的 6×6 的正方形。

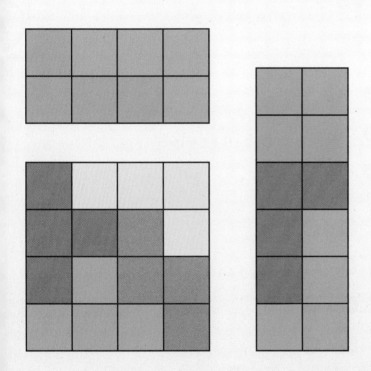

一看就知的数列和

我们都听说过高斯用很短的时间算出等差数列之和的故事，实际上你也可以一看就知道数列之和。由美国数学会出版，罗杰 · 尼尔森编写的《无言的证明》中列举了很多通过图形就能直观地作出的证明和计算。下面我们来看看其中有关数列求和的几个例子。

自然数(1)

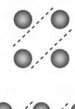

$$1 + 2 + 1 = 2^2$$

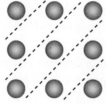

$$1 + 2 + 3 + 2 + 1 = 3^2$$

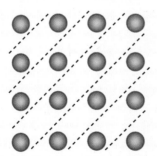

$$1 + 2 + 3 + 4 + 3 + 2 + 1 = 4^2$$

$$1 + 2 + \cdots + (n-1) + n + (n-1) + \cdots + 2 + 1 = n^2$$

等式两边加 n，可推知：$1 + 2 + \cdots + (n-1) + n = n(n+1)/2$

我们还可以通过下面两个图更直观地证明这个公式。第二个图用到了三角形面积公式。

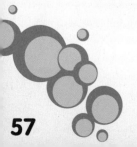

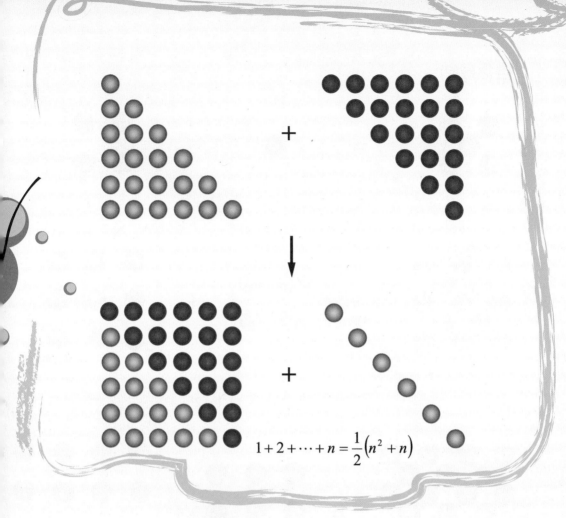

$$1 + 2 + \cdots + n = \frac{1}{2}\left(n^2 + n\right)$$

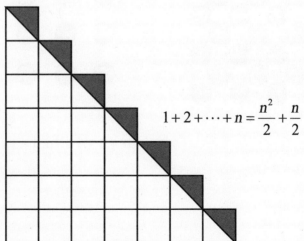

$$1 + 2 + \cdots + n = \frac{n^2}{2} + \frac{n}{2}$$

自然数(2)

 $=$ $+$

$$1 + 3 + 1 = 1^2 + 2^2$$

 $=$ $+$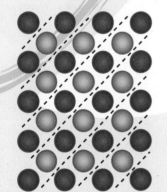

$$1 + 3 + 5 + 3 + 1 = 2^2 + 3^2$$

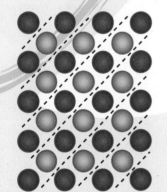
$=$ $+$
$=$
$+$

$$1 + 3 + 5 + 7 + 5 + 3 + 1 = 3^2 + 4^2$$

$$\vdots$$

$$1 + 3 + \cdots + (2n-1) + (2n+1) + (2n-1) + \cdots + 3 + 1 = n^2 + (n+1)^2$$

等式两边同时减去($2n+1$)，可推知：$1+3+\cdots+(2n-1)=n^2$

我们还可以通过下面两个图直接证明这个公式。

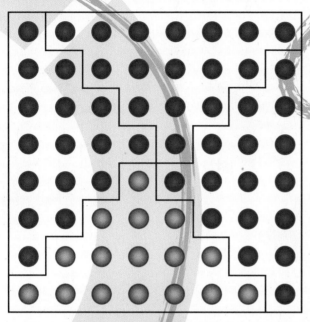

$$1+3+\cdots+(2n-1)=\frac{1}{4}(2n)^2=n^2$$

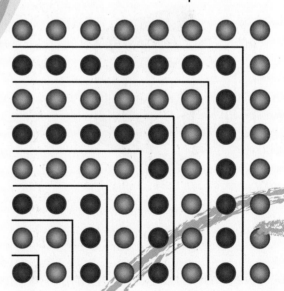

$$1+3+5+\cdots+(2n-1)=n^2$$

平方数

$$1^2 + 2^2 + \cdots + n^2 = \frac{1}{3}n(n+1)\left(n+\frac{1}{2}\right)$$

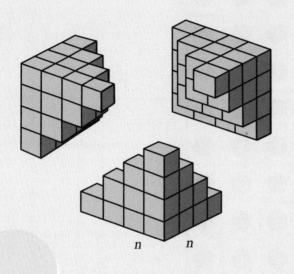

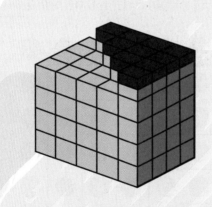

$n \qquad n$

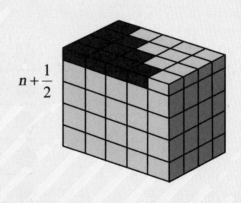

$n + \dfrac{1}{2}$

在上面这个图中,最上面的一层剖了一半后再拼成一块高度为 1/2 的矩形。

我们还可以通过下面这个图计算平方数之和,你能看明白吗?你能独立构造一种新的证明吗?

$$3\left(1^2 + 2^2 + \cdots + n^2\right) = (2n+1)(1+2+\cdots+n)$$

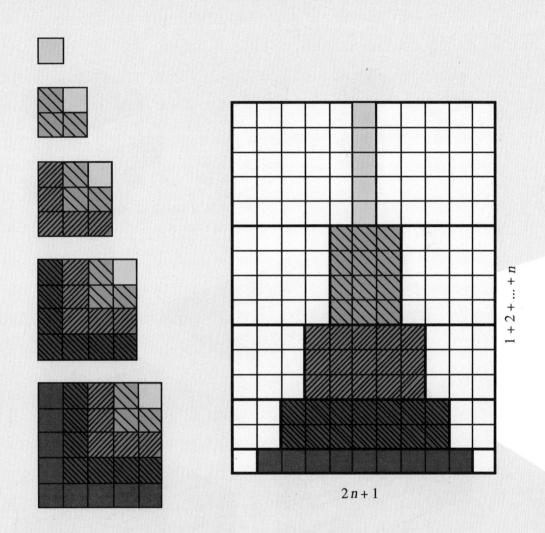

$2n+1$

$1+2+\cdots+n$

在下面的这个证明中，使用了求和记号 $\sum\limits_{k=1}^{n}$，$\sum$ 是对 $\sum\limits_{k=1}^{n}$ 的简写。这个证明还是需要些空间想象力的吧？

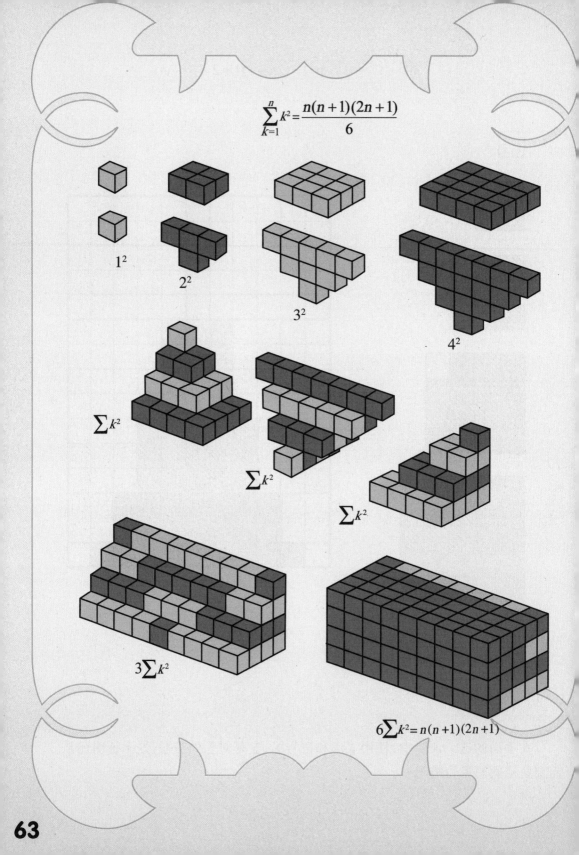

$$\sum_{k=1}^{n} k^2 = \frac{n(n+1)(2n+1)}{6}$$

1^2

2^2

3^2

4^2

$\sum k^2$

$\sum k^2$

$\sum k^2$

$3\sum k^2$

$6\sum k^2 = n(n+1)(2n+1)$

类似地，也可以构造出奇数平方数之和：

$$1^2 + 3^2 + \cdots + (2n-1)^2 = \frac{n(2n-1)(2n+1)}{3}$$

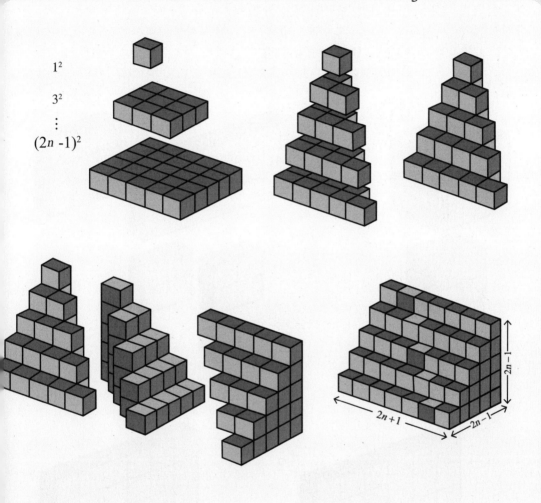

$$3 \times \left[1^2 + 3^2 + \cdots + (2n-1)^2\right] = \left[1 + 2 + \cdots + (2n-1)\right] \times (2n+1)$$

$$= \frac{(2n-1)(2n)(2n+1)}{2} = n(2n-1)(2n+1)$$

立方数

我们可以通过下面两个图中的一个计算立方数之和，你能从中受到什么启发？还能想出其他图形计算立方数吗？

$$1^3 + 2^3 + 3^3 + \cdots + n^3 = (1 + 2 + 3 + \cdots n)^2$$

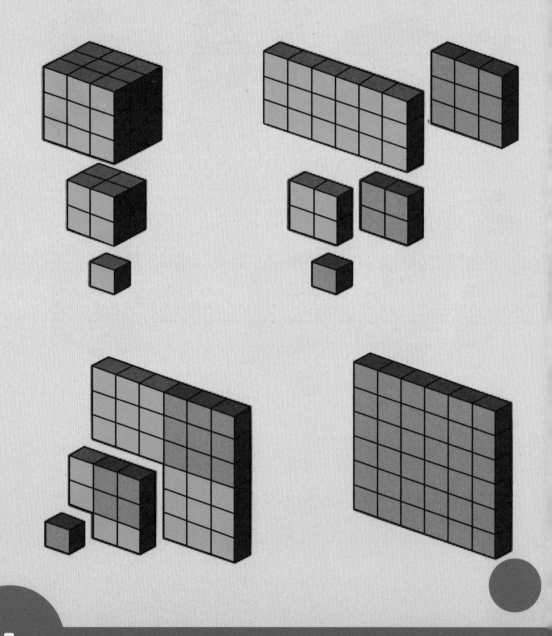

$$1^3 + 2^3 + 3^3 + \cdots + n^3 = (1 + 2 + 3 + \cdots + n)^2$$

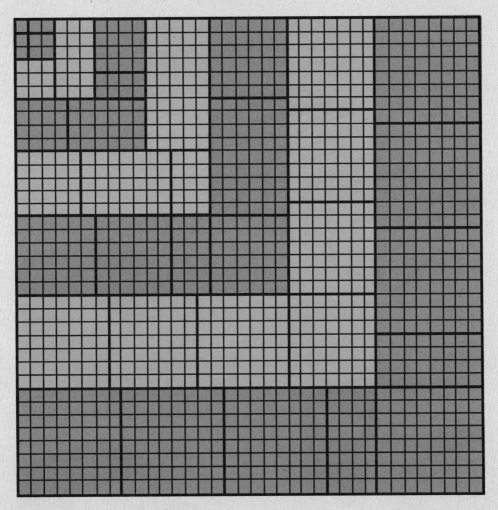

用想象力构造证明

通过下面这个积木图，你可以看出两个相邻的立方数之和与相邻的平方数之间的奇妙关系：

$$2 + 3 + 4 = 1 + 8$$
$$5 + 6 + 7 + 8 + 9 = 8 + 27$$
$$10 + 11 + 12 + 13 + 14 + 15 + 16 = 27 + 64$$
$$\vdots$$
$$(n^2 + 1) + (n^2 + 2) + \cdots + (n+1)^2 = n^3 + (n+1)^3$$

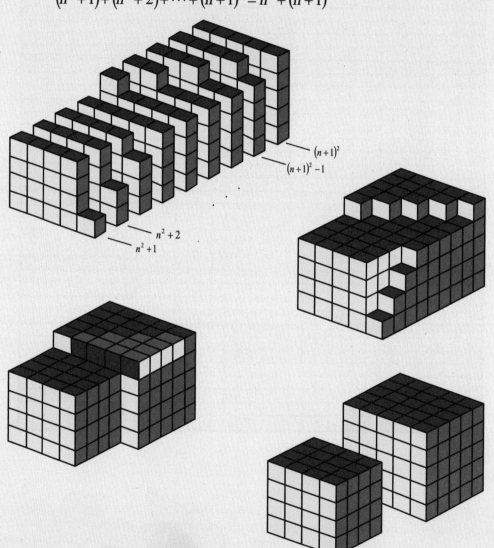

在下面这个公式中，$3^0+3^1+3^2+\cdots+3^{n-2}+3^{n-1}$ 记为 $\displaystyle\sum_{k=0}^{n-1}3^k$，聪明的你能用想象力构造出这类巧妙的证明吗？

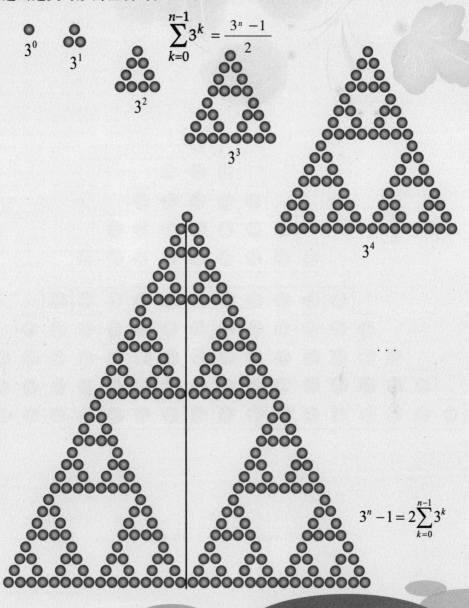

$$\sum_{k=0}^{n-1}3^k=\frac{3^n-1}{2}$$

3^0

3^1

3^2

3^3

3^4

$\cdots$

$$3^n-1=2\sum_{k=0}^{n-1}3^k$$

你还可以借助图解证明下面两个公式：

1.

$$\frac{1}{3} = \frac{1+3}{5+7} = \frac{1+3+5}{7+9+11} = \cdots$$

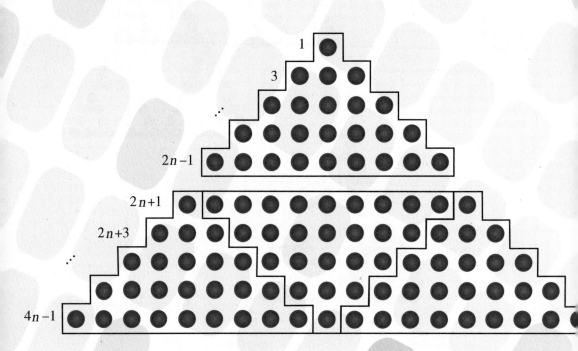

$$\frac{1+3+\cdots+(2n-1)}{(2n+1)+(2n+3)+\cdots+(4n-1)} = \frac{1}{3}$$

2.

$$1 + 2\left(\frac{1}{2}\right) + 3\left(\frac{1}{4}\right) + 4\left(\frac{1}{8}\right) + \cdots = 4$$

变幻万千的弦图

他们曾这样证明

　　直角三角形的两个直角边("勾"与"股")的平方和等于斜边("弦")的平方,这就是著名的勾股定理(也称毕达哥拉斯定理)。古代数学经典《周髀算经》用图解的方法非常巧妙地证明了这个定理:

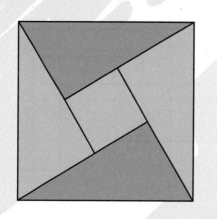 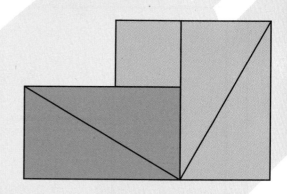

　　你能看得懂这个证明吗?古代数学家刘徽也给出了一个图解证明:

欧几里得在《几何原本》中的证明是这样的：

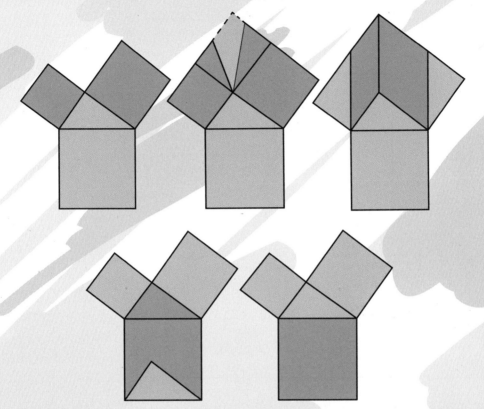

文艺复兴时期的巨匠达·芬奇也画过一个证明图：

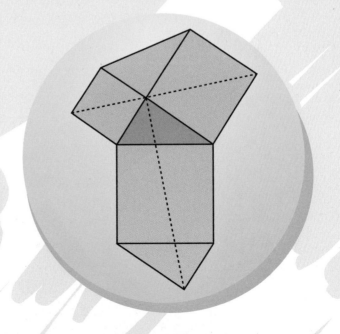

美国第二位被刺杀的第 20 任总统詹姆斯 · 加菲尔德也提出过一个证明：

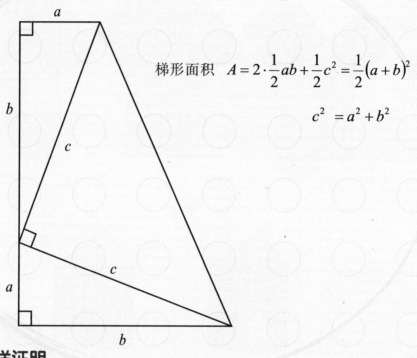

梯形面积 $A = 2 \cdot \dfrac{1}{2}ab + \dfrac{1}{2}c^2 = \dfrac{1}{2}(a+b)^2$

$$c^2 = a^2 + b^2$$

还可以这样证明

1. 这个证明你能看懂吗？关键是使划过右边那个正方形中的十字线的长度恰好等于斜边的长度。

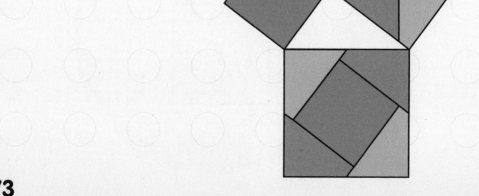

2. 这个证明可以解释为相似三角形的对应边的边长之比比例相同,但为了构成两个相似三角形,还需要画出两条辅助线。你知道怎么画吗?

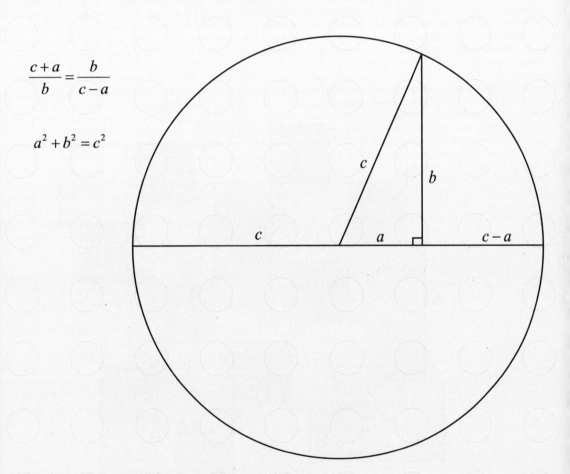

$$\frac{c+a}{b} = \frac{b}{c-a}$$

$$a^2 + b^2 = c^2$$

3. 这个证明是不是有点复杂？你看出门道来了吗？你可以数数小、中两种正方形的个数：小正方形 12 个，中正方形 13 个。左斜上被黑线划出的梯形与右斜下被黑线划出的三角形合起来正好是一个中正方形，如果将这两部分切掉，正好是 12 个小正方形和 12 个中正方形。这样一来，如果能证明 12 个小正方形和 12 个中正方形面积之和是 12 个黑线画出的大正方形，就可以证明勾股定理了。

4.这个证明的关键又在哪呢？你能用折纸来实现这个证明吗？

5.这种证明用的是放大法：分别让直角三角形的三条边放大到原来的 a 倍、b 倍和 c 倍，就可以证明勾股定理。值得注意的是，三角形三边放大或缩小同样的倍数，三个角不变。

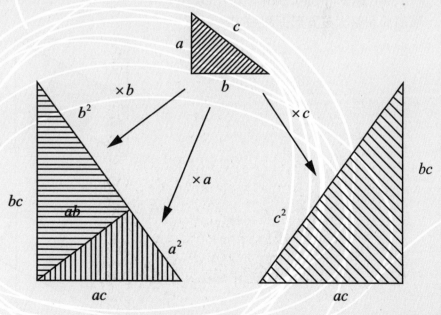

6. 这个证明用的是割补法,关键是要证明那四对小钝角三角形两两全等。

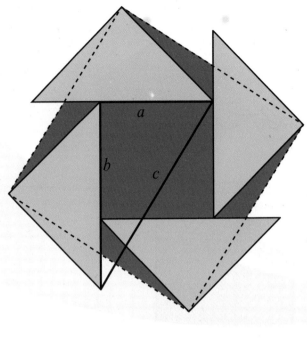

$$a^2 + b^2 = c^2$$

图解无极限

割补法在几何证明中十分有用。在下图中,运用割补法很容易证明小正方形的面积是大正方形面积的 1/5。

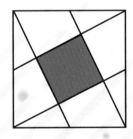

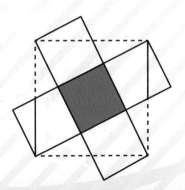

在下图的面积关系式中，A_1，A_2，A_3 是三个半圆，S_1，S_2 与 T 也共同构成半圆，其中用到了勾股定理。你能理解吗？

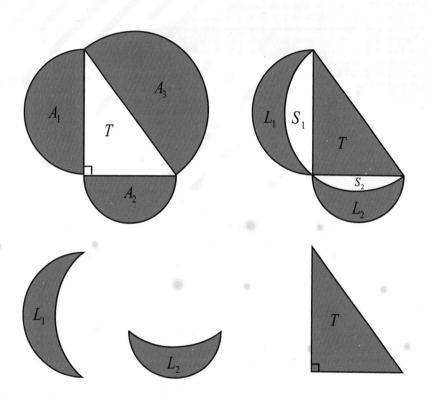

$$A_1 + A_2 = A_3$$

$$(L_1 + S_2) + (L_2 + S_2) = T + S_1 + S_2$$

$$L_1 + L_2 = T$$

图解不等式

两种平均数哪个大

对于两个正数，它们的算术平均数即两个数的和的一半，几何平均数即两个数的积的平方根。下面这个图十分直观地证明了两个正数的算术平均数不小于它们的几何平均数。

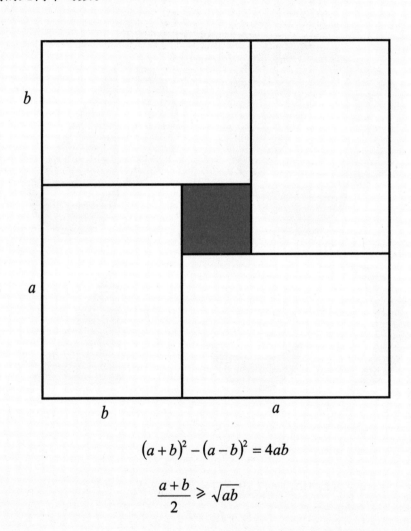

$$(a+b)^2 - (a-b)^2 = 4ab$$

$$\frac{a+b}{2} \geqslant \sqrt{ab}$$

类似地，你可以这样来构造这个定理的证明：

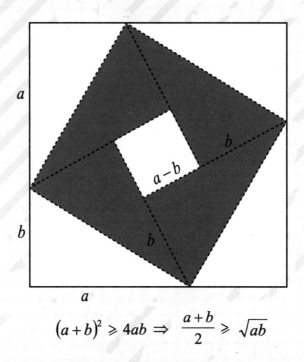

$$(a+b)^2 \geqslant 4ab \Rightarrow \frac{a+b}{2} \geqslant \sqrt{ab}$$

你还可以在圆中构造这个定理的证明：

$$\frac{a+b}{2} \geqslant \sqrt{ab}$$

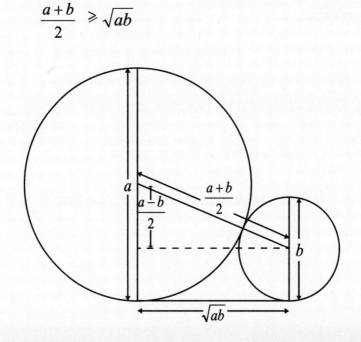

这是另一个在圆中构造的证明：

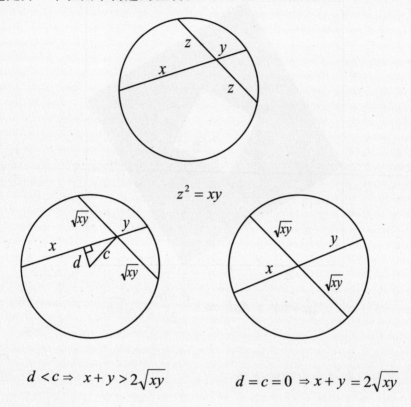

$$z^2 = xy$$

$$d < c \Rightarrow x + y > 2\sqrt{xy} \qquad d = c = 0 \Rightarrow x + y = 2\sqrt{xy}$$

平均数不等式

除了算术平均数和几何平均数外，若干正数还有调和平均数和平方平均数（均方根）。调和平均数是数值个数除以数值倒数的总和。平方平均数又称均方根，即每个数的平方和的平均值的平方根。平均数不等式就是：

$$\frac{n}{\frac{1}{x_1} + \frac{1}{x_2} + \cdots + \frac{1}{x_n}} \leqslant \sqrt[n]{x_1 \cdot x_2 \cdots x_n} \leqslant \frac{x_1 + x_2 + \cdots + x_n}{n} \leqslant \sqrt{\frac{x_1^2 + x_2^2 + \cdots + x_n^2}{n}}$$

也就是：调和平均数 ≤ 几何平均数 ≤ 算术平均数 ≤ 平方平均数（均方根）。

对于两个数的情况，可以运用下面几种图解法证明这个不等式。

(1)

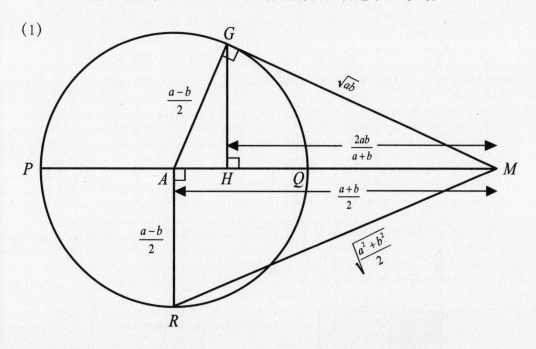

$$PM = a, QM = b, a > b > 0$$

$$HM < GM < AM < RM$$

$$\frac{2ab}{a+b} < \sqrt{ab} < \frac{a+b}{2} < \sqrt{\frac{a^2 + b^2}{2}}$$

(2)

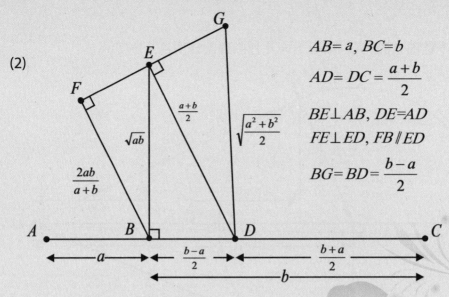

$AB = a,\ BC = b$

$AD = DC = \dfrac{a+b}{2}$

$BE \perp AB,\ DE = AD$

$FE \perp ED,\ FB \parallel ED$

$BG = BD = \dfrac{b-a}{2}$

(3) $a, b > 0 \Rightarrow \sqrt{\dfrac{a^2+b^2}{2}} \geqslant \dfrac{a+b}{2} \geqslant \sqrt{ab} \geqslant \dfrac{2ab}{a+b}$

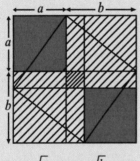

$2a^2 + 2b^2 \geqslant (a+b)^2$

$\sqrt{\dfrac{a^2+b^2}{2}} \geqslant \dfrac{a+b}{2}$

$\left(\sqrt{a+b}\right)^2 \geqslant 4 \cdot \dfrac{1}{2}\sqrt{a}\sqrt{b}$

$\dfrac{a+b}{2} \geqslant \sqrt{ab}$

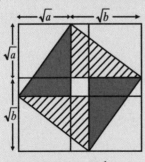

$1 \geqslant 4\dfrac{a}{a+b} \cdot \dfrac{b}{a+b}$

$\sqrt{ab} \geqslant \dfrac{2ab}{a+b}$

直觉与数学

不可靠的直觉

当人们面对难以判断的问题时,喜欢凭直觉,但却往往被直觉所欺骗。有一个狡诈的股票经纪人为了让人们相信他能准确预言股市行情,挑选出 1024 个人作为可能的"客户"。每天,他给每个人寄一份有关股市在第二天涨或跌的预测,这样一直持续 10 天。他的诡计是:这 10 天可能有 2^{10} 个不同的结果。你猜怎么着,他连续 10 天寄给每个人一个不同的可能结果。到第 10 天末,很可能有某个不幸的受害者大吃一惊地发现这个经纪人所预测出的股市走向 10 次中次次都准,他得到的直觉就是这个经纪人是个"股神"。那些 10 次结果中有 8、9 次准确的客户也会对经纪人的神奇预测能力留下深刻的印象。其他那些收到的猜测正误各半或无一正确人们自然没把他的预测当回事。但有这些粉丝的支持,他就可以招摇过市地行骗了。

如果你想知道你的直觉可不可靠,不妨看看这个发生在希腊神话中的故事:有一天,宙斯突发奇想,叫来一个铁匠铸造一个刚好能够环绕地球的铁环。但铁匠出了点差错,造出的铁环比设计好的周长长出了 1 米。宙斯拿起这个铁环去套地球,让铁环与地球上的一个点相接触。问题是,假定地球是一个完美的球体,在这个点的另一端的缝隙有多宽?什么动物,一只蚂蚁,一只老鼠还是一只熊可以穿过这条缝隙?

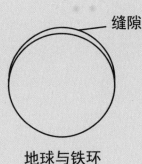

缝隙

地球与铁环

你的直觉可能认为这个缝隙会很小，只能穿过去一只蚂蚁。但实际上是多大呢？假设铁环的半径为 r_1，地球的半径为 r_2，因为地球和铁环间的周长之差是 100 厘米，即 $2\pi r_1 - 2\pi r_2 = 100$，所以它们的直径之差 $2r_1 - 2r_2$ 为 $100/\pi \approx 31.83$ 厘米。这显然颠覆了直觉！

平均数、概率与直觉

你对数字的直觉准确吗？我们可以通过三个简单的问题看看你对平均数和概率的直觉是否准确。

问题 1：假设你驾车以 40 千米 / 时的速率从武汉到长沙，然后立即以 60 千米 / 时的车速返回，试问整个旅程的平均速率是多少？

至少 90% 的人会不假思索地答道 50 千米 / 时，因为"平均"的直观意义如此显而易见。可只要你拿出笔和纸，简单计算一番，就不难发现，实际的答案是 48 千米 / 时。你可以假定武汉到长沙的距离是 480 千米，去 12 小时，返回 8 小时，共行驶 960 千米，平均速率 48 千米 / 时。

如果列方程：$1/V_1 + 1/V_2 = 2/V$，其中 $V_1 = 40$ 千米 / 时，$V_2 = 60$ 千米 / 时，也可以算出平均速率 $V = 48$ 千米 / 小时。

武汉

长沙

问题 2：哪一个事件更可能发生：是掷 6 次骰子恰好得到一个 6 还是掷 12 次骰子恰好得到 2 个 6？

大多数人会凭直觉认为两种情况了无差别。但如果我们认真计算一下就会发现它们的差别。如果制造骰子的材料是均匀的，那么每次投出得到 6 的可能性就是 1/6，不是 6 的可能性是 5/6，所以掷 6 次骰子恰好得到 1 个 6 的概率是：

$$\frac{1}{6}\cdot\frac{5}{6}\cdot\frac{5}{6}\cdot\frac{5}{6}\cdot\frac{5}{6}\cdot\frac{5}{6}$$，约为 0.4019。

类似地，掷 12 次骰子恰好得到 2 个 6 的概率是：$\left(\frac{1}{6}\right)^2\cdot\left(\frac{5}{6}\right)^{10}$，约为 0.2961。

两次的概率显然不同。

不难算出，掷 n 次骰子正好得到 k 个 6 的概率为：

$$\left(\frac{1}{6}\right)^k\cdot\left(\frac{5}{6}\right)^{n-k}$$

问题 3：有三个一样大,外观一模一样的箱子,其中一个放着贵重物品(如宝石),另两个则放着一些价值低得多的小物品(如一支铅笔和几颗糖等)。你事先并不知道哪个箱子装的是哪件物品。先让你选定其中的一个,也就是你认为有宝石的箱子,然后让事先知道哪个箱子有宝石的工作人员打开另外两个箱子中的一个。假定打开的那个箱子中没有宝石。现在你被告知作最后的选择：是坚持原来的选择还是选择另一个没打开的箱子 ? 不管你怎么选择,你将得到你所选中箱子中的东西。那么究竟该怎么办呢 ? 是坚持原来的猜测还是改变主意 ?

　　也许你凭直觉会认为这似乎没有多大区别：不管怎样，宝石一定在没打开的两个箱子中的一个，是否改变原来选中的箱子有什么影响呢？但情况真的如此吗？

　　当你进行最初的选择时，猜中有宝石的箱子的概率是 1/3，而宝石在其他两个箱子的概率是 2/3。如果其他两个箱子中的一个被打开并且显示出不是宝石，那么宝石在另一个未打开箱子中的概率变成了 1/2。也就是说，如果你选择另一个未打开的箱子，则获胜的机会就会增加，从 1/3 变为 1/2。

　　是不是有点不可思议？其实你可以找副扑克验证一下：取三张扑克牌，一张王牌和两张小牌，混合一下背放在桌子上。分别作 20 次实验：挑出一张牌，然后坚持原来的选择或者选择另一张牌。当然你需要一个朋友帮助你完成这个实验，他事先知道哪一张是王牌，并由他亮出另一张牌的正面。

术语表

音乐的几何学：不同序列音符之间可能存在有等价关系，例如 Do-Mi-Sol 和 Re-升 Fa-La 均为大三和弦，在不同八度音阶弹奏 Do-Mi-Sol 基本上仍视为同一和弦，音乐的几何学就是研究如何用几何概念来呈现音乐家耳中的等价音。

三种数学能力：认知科学的研究表明，人类为了求生存，已经具备天生的识别数字的能力，对很小的数目几乎过目即知。同时，人类是强烈依赖视觉的动物，发展出了许多能快速辨认形状、对称、平行、垂直的能力。除此之外，人具有的更重要的数学能力是推理能力。

约束满足问题：现实世界中经常存在的一类问题是寻找一些满足若干限制条件的答案，这就是所谓的约束满足问题。本书中的"斑马"问题就是一个著名的约束满足问题。

图灵测试：由一个参加测试的人通过具有电报通讯功能的打字机与一个匿名对象进行交流，对方可能是一个陌生人，也可能是一台计算机，但他并不知道对方是一台计算机还是某个人。如果那个参加测试的人正在与一台计算机交流，并且相信正在与另外一个人交流，就可以认为这台计算机具有像人类一样的智能。这就是著名的图灵测试。

证据的相关性：在法律上，证据的相关性一般是用概率来定义的，也就是说，证据的相关性是指证据的存在更可能或更不可能使某个事实有存在的趋势。但这种概率论证往往容易导致错误。

随机化应答方法：这是一种在社会调查中消除被调查者对敏感问题的顾忌的方法，这种方法要求人们随机地回答所提两个问题中的一个，而不必告诉调查者回答的是哪个问题；两个问题中有一个是敏感的或者是令人为难的，另一个问题是无关紧要的。这样应答者将乐意如实地回答问题，因为只有他知道自己回答的是哪个问题。

模糊集合：它是模糊数学与模糊逻辑的一个基本概念。在模糊集合中，一个元素是否属于这个集合有一定的不确定性。在支配模糊集的逻辑中，命题"a 是集合 S 的元素"的真值可以是 0 到 1 中的任一数值，这个中间数值相当于"灰度"。

语言的统计分析：随着互联网的发展，网络中形成和汇聚了海量的语句，当我们想知道在一个句子中两个近义词该用哪一个时，就可以到谷歌或百度等搜索引擎上搜索一下，搜索结果多的那个词往往更恰当。这里就用到了语言的统计模型。同样地，当计算机想知道它所识别的手写或语音记录下的一个文字序列是否构成一个可理解的句子时，也可以用统计模型来解决。

华容道：华容道是蜚声世界的中国益智游戏，它的背景故事出自三国演义中关羽在华容道捉放曹操的故事。华容道棋盘为四横格五纵格的盘面，曹操是占四格的正方形棋子；关羽占横两格，张飞、赵云、马超与黄忠四将均占两竖格；还有四个兵各占一格。在游戏时，只能利用盘面上留下的两个空格留出的空间来移动棋子，想办法将曹操移到邻接曹营上方的正中央的位置，让曹操成功逃回曹营，游戏也大功告成。

七巧板：七巧板是一种源自中国的智力游戏。七巧板是由一个正方形切割而成的七块板，包括五块等腰直角三角形（两块小形三角形、一块中形三角形和两块大形三角形）、一块正方形和一块平行四边形。七巧板可以拼出三角形、平行四边形、不规则多边形等各种几何形状，也可以拼成各种人物、形象、动物、桥、房、塔等，还可以拼出中、英文字母。

汉密尔顿路径：对于有限平面镶嵌图形来说，外围边界上的交点称为外交点，内部的交点称为内交点，所谓"汉密尔顿路径"，就是能够连接所有内交点的路径。

图书在版编目（CIP）数据

神奇的数形世界 / 段伟文主编. —北京：科学普及出版社，2015
（少年科学魔幻世界）
ISBN 978-7-110-08666-7

Ⅰ．①神… Ⅱ．①段… Ⅲ．①数学—青少年读物
Ⅳ．①O1-49

中国版本图书馆CIP数据核字(2014)第134347号

主　　编　段伟文
作　　者　段伟文　　李　红　　刘　畅
　　　　　齐小苗　　朱明坤　　段粲超
　　　　　段子英　　朱承刚　　汤治芳
　　　　　刘新成　　段天涛
绘画设计　高　亮　　孔　前　　杨　虹

出版人　苏　青
策划编辑　肖　叶
责任编辑　梁军霞
封面设计　鲨书袋熊
责任校对　林　华
责任印制　马宇晨
法律顾问　宋润君

科学普及出版社出版
北京市海淀区中关村南大街16号　邮政编码：100081
电话：010-62173865　传真：010-62179148
http://www.cspbooks.com.cn
科学普及出版社发行部发行
北京盛通印刷股份有限公司印刷
*
开本：720毫米×1000毫米　1/16　印张：6　字数：120千字
2015年1月第1版　2015年1月第1次印刷
ISBN 978-7-110-08666-7/O·154
印数：1—10000册　定价：17.80元